高职高专土建类工学结合"十二五"规划教材

混凝土楼盖及其模板工程设计与模拟施工实训指导

主 编　胡桂娟　付春松
副主编　庞毅玲　焦宇晖　李　琪　梁景章

U0180171

华中科技大学出版社
中国·武汉

图书在版编目(CIP)数据

混凝土楼盖及其模板工程设计与模拟施工实训指导/胡桂娟,付春松主编. —武汉:华中科技大学出版社,2015.9(2024.1 重印)

高职高专土建类工学结合"十二五"规划教材

ISBN 978-7-5680-1050-4

Ⅰ.①混… Ⅱ.①胡… ②付… Ⅲ.①混凝土结构-模板-建筑工程-工程设计-高等职业教育-教材 ②混凝土结构-模板-建筑工程-工程施工-高等职业教育-教材 Ⅳ.①TU755.2

中国版本图书馆 CIP 数据核字(2015)第 169963 号

混凝土楼盖及其模板工程设计与模拟施工实训指导　　　　胡桂娟　付春松　主编

责任编辑:黄小梅
封面设计:原色设计
责任校对:孙淑婧
责任监印:张贵君
出版发行:华中科技大学出版社(中国·武汉)　　　电话:(027)81321913
　　　　　武汉市东湖新技术开发区华工科技园　　　邮编:430223
印　　刷:武汉科源印刷设计有限公司
开　　本:787mm×1092mm　1/16
印　　张:9.25
字　　数:237 千字
版　　次:2024 年 1 月第 1 版第 9 次印刷
定　　价:36.00 元

内 容 提 要

    本书依据高等职业教育建筑工程技术专业技能型人才培养的要求,以职业岗位所从事的实际工作项目为基础,以任务导向模式组织相关内容的编写。在教、学、做合一的思想指导下,将相关知识分解到实际工作过程中,对建筑工程技术实训类的课程内容进行了全新的整合和优化,涵盖了钢筋混凝土楼盖及其模板工程的设计和模拟施工过程的四个实训项目。全书包括四个部分:第一部分为单向板肋形楼盖设计实训,包括设计任务书和设计实例;第二部分为模板工程专项施工方案编制实训,包括编制任务书、编制指导书、钢管支架安全构造措施、模板工程专项施工方案编制原理及案例;第三部分为模板工程模拟施工实训;第四部分为楼盖模型制作实训,包括实训任务书和模型制作实例。

    本书可作为高职高专建筑工程技术专业、工程监理专业及相关专业实训教材,也可作为从事建筑工程结构施工、监理工作的工程技术人员参考用书。

前　言

本书依据国家现行的建筑工程标准、规范、图集和规程的要求编写,主要包括:《混凝土结构设计规范》(GB 50010—2010)、《混凝土结构施工图平面整体表示方法制图规则和构造详图(现浇混凝土框架、剪力墙、梁、板)》(11G101-1)、《建筑施工模板安全技术规范》(JGJ 162—2008)(简称《JGJ 162 规范》)、《建筑施工手册》(第五版,中国建筑工业出版社,简称《施工手册》)、《建筑施工模板及作业平台钢管支架构造安全技术规范》(DB 45/T 618—2009)(简称《DB 45/T 618 规范》)、浙江《建筑施工扣件式钢管模板支架技术规程》(DB 33/1035—2006)(简称《浙江规程》)。

本书的编写特点是以职业岗位所从事的实际工作项目为基础,以任务导向模式组织相关内容的编写。在教、学、做合一的思想指导下,将相关知识分解到实际工作过程中,对建筑工程技术实训类的课程内容进行了全新的整合和优化,涵盖了钢筋混凝土楼盖及其模板工程的设计和模拟施工过程的四个实训项目。本书注重理论与实践相结合,突出实践性教学环节,采用项目教学法进行编写,有以下两个方面的特点。

(1)通过楼盖设计和模板工程设计具体实训实例,详细介绍楼盖设计和模板工程专项施工方案编制的原理和计算方法,以及完整的施工图绘制过程。

(2)通过"易教、乐学、实用"的"模板工程模拟施工实训"和"楼盖模型制作实训"的校内实训项目,解决了校内实践教学课堂中的模板工程和楼盖实际施工过程再现难题,实现了施工现场模拟,形成了融教、学、做于一体的新型教学模式。

本书由胡桂娟和付春松担任主编,全面负责教材编排和审核工作,庞毅玲、焦宇晖、李琪和梁景章担任副主编。具体编写分工如下:第一、第二部分由付春松和胡桂娟编写;第三部分由焦宇晖、李琪和胡桂娟编写;第四部分由庞毅玲编写,梁景章修改。

由于编者水平所限,且规范不断更新,模板专项施工方案的编制理论和方法不断发展,加之模板规范和施工存在区域性特点,书中难免存在遗漏和不足,恳请广大读者批评指正。

编　者

2015 年 5 月

目　　录

第一部分　单向板肋形楼盖设计实训

第一节　单向板肋形楼盖设计任务书

课程设计是对课程中结构概念、结构受力、结构计算与构造认识的综合训练。通过课程设计,对所学知识进行阶段性的归纳总结,强化对结构基本概念和基本理论尤其是结构构造的掌握和理解;加深对结构形式和结构构造等教学重点、难点的感性认识,提高课堂理论教学效果;具备独立查阅和使用各种规范、手册、标准图集及工具书的能力;提高学生应用所学知识分析和解决工程实际问题的能力;提高学生的识图能力,为后续课程和今后工作中正确识读施工图打下良好的基础。

一、设计题目

某工业厂房为多层内框架砖混结构,外墙厚 370 mm,柱截面尺寸为 400 mm×400 mm,二层楼盖建筑平面如图 1-1 所示,为方便计算,图中未布置楼梯间,设计只考虑竖向荷载作用,楼面建筑标高为 4.00 m,采用现浇钢筋混凝土单向板肋形楼盖,试按非抗震设计要求进行楼盖的结构设计计算并绘制结构施工图。已知:一类环境,安全等级为二级,结构设计使用年限为 50 年。

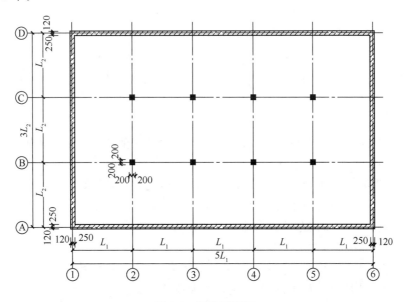

图 1-1　结构平面图

二、设计资料

1. 楼面可变荷载标准值

为保证每位同学独立完成设计任务,各人根据自己的学号在表 1-1 中查取设计采用的可变荷载标准值(指导教师可调整表中学生的学号排序)。

表 1-1　可变荷载标准值

学生学号　　可变荷载 　　　　　/(N/mm²) $L_1 \times L_2$	5.0	5.5	6.0	6.5	7.0	7.5	8.0	8.5
5.7 m×5.1 m	1	15	16	26	27	33	34	36
6.0 m×5.4 m	37	2	14	17	25	28	32	35
6.3 m×5.7 m	49	38	3	13	18	24	29	31
6.6 m×6.0 m	50	48	39	4	12	19	23	30
6.9 m×6.3 m	58	51	47	40	5	11	20	22
7.2 m×6.6 m	59	57	52	46	41	6	10	21
7.5 m×6.6 m	63	60	56	53	45	42	7	9
7.5 m×6.9 m	64	62	61	55	54	44	43	8

2. 楼面构造做法

(1)20 mm 厚水泥砂浆面层,重度 $\gamma = 20$ kN/m³。

(2)钢筋混凝土现浇板,重度 $\gamma = 25$ kN/m³。

(3)15 mm 厚混合砂浆梁侧、板底抹灰,重度 $\gamma = 17$ kN/m³。

3. 材料选用

(1)混凝土:采用 C25 混凝土($f_c = 11.9$ N/mm²,$f_t = 1.27$ N/mm²)。

(2)钢筋:采用 HRB400 级钢筋($f_y = 360$ N/mm²),纵筋直径不宜大于 25 mm。

三、计算内容

(1)根据建筑平面,确定结构平面布置(主梁、次梁及板的布置),确定各构件截面尺寸。

(2)板的设计(按塑性理论计算)。

①确定计算简图:计算板上荷载及板的计算跨度,确定计算跨数。

②内力计算:计算板的跨中及支座弯矩。

③分板带进行正截面抗弯承载力计算。

(3)次梁设计(采按塑性理论计算)。

①确定计算简图:计算梁上荷载及梁的计算跨度,确定计算跨数。

②内力计算:计算梁的跨中弯矩、支座弯矩及支座剪力。

③进行正截面抗弯、斜截面抗剪承载力计算。

(4)主梁设计(按弹性理论计算)。

①确定计算简图:计算梁上荷载及梁的计算跨度,确定计算跨数。

②内力计算:计算梁的跨中弯矩、支座弯矩及支座剪力。

③进行正截面抗弯、斜截面抗剪承载力计算。

四、绘制结构施工图

(1)楼盖结构平面布置图(1∶200),标注墙、柱定位轴线编号和梁、柱定位尺寸及构件编号。

(2)板的配筋图(1∶50),标注板厚,以及板中钢筋的直径、间距、编号及其定位尺寸,板的配筋可画在结构布置图上1∶100,也可单独绘制配筋图,板采用分离式配筋。

(3)主梁、次梁配筋图(必须画到对称轴),包括梁的模板图、抽筋图(1∶50)及剖面图(1∶20),要求标注梁截面尺寸,以及钢筋的直径、间距、编号及其定位尺寸;主梁支座负筋除考虑二根通长外,其余支座负筋按国家建筑标准设计图集《混凝土结构施工图平面整体表示方法制图规则和构造详图(现浇混凝土框架、剪力墙、梁、板)》(11G101-1)非抗震框架梁节点构造切断。

(4)标注时,应注意整张图纸上钢筋的编号及剖面图上的剖切号均不能重复。

(5)必要的结构设计说明。

(6)绘制2号图纸一张,图幅比例可自行掌握。

五、时间安排(1周)

(1)结构平面布置及板的设计计算:1天。

(2)次梁设计计算:1天。

(3)主梁设计计算:1天。

(4)整理计算书及绘制施工图:2天。

六、设计要求

(1)遵守校规,整个设计工作应在教室进行,按时上、下课。

(2)计算书要求:书写工整,计算准确,画出必要的计算简图,规定的计算项目不得自行减少,并须独立完成。

(3)制图要求:每人完成2号施工图一张,要求图面整洁美观、比例适当,并一律采用仿宋字体,所有图线、图例尺寸和标注方法均应符合国家现行的建筑制图标准。

(4)在完成规定的设计任务后,方可参加课程考核成绩评定。

七、考核标准

课程设计为考查科目,其成绩根据图纸质量、计算书完成情况及设计期间的学习态度、设计进度、考勤等综合评定,分为优秀、良好、中等、及格、不及格五个等级。有下列情况之一者不能参加课程设计成绩评定,即总评成绩为不及格:

(1)规定的计算项目自行减少者;

(2)有抄袭现象者;

(3)缺勤次数超过1/3者。

第二节　单向板肋形楼盖设计实例

一、设计任务

根据设计资料取柱网尺寸 $L_1 \times L_2 = 6.6 \text{ m} \times 6.0 \text{ m}$,楼面可变荷载标准值为

6.5 kN/m^2,进行设计计算。

二、结构平面布置及截面尺寸的确定

1. 结构平面布置

柱网尺寸已设定,因本厂房在使用上无特殊要求,故结构布置应满足实用经济的原则,并注意以下问题:

(1)必须与建筑设计协调统一,满足建筑使用上的要求,并尽量做到经济合理。

(2)梁格布置应力求受力合理、整齐划一,以简化设计、方便施工。

(3)为了提高建筑物的侧向刚度,主梁宜沿建筑物的横向布置。

(4)对于板、次梁和主梁,实际上不易得到完全相同的计算跨度,故可将中间各跨布置成等跨,而两边跨可布置得稍小些,但跨度相差不得超过10%。

(5)根据工程实践,单向板板跨一般为 1.7~2.7 m;次梁跨度一般是 4.0~6.0 m;主梁跨度则为 5.0~8.0 m,同时宜为板跨的 3 倍(主梁每跨上设 2 道次梁)。根据主梁、次梁、板的经济跨度,结构平面布置如图 1-2 所示。

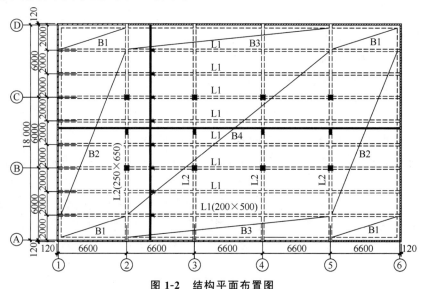

图 1-2 结构平面布置图

2. 板的分类——单向板和双向板

在荷载作用下,只在一个方向弯曲或者主要在一个方向弯曲的板,称为"单向板";在荷载作用下,在两个方向弯曲且不能忽略任一方向弯曲的板,称为"双向板"。为方便设计,根据规范,混凝土板应按下列原则进行计算:

(1)两对边支承的板和单边嵌固的悬臂板,应按单向板计算。

(2)四边支承的板应按下列规定计算:

①当长边与短边长度之比不小于 3 时,可按沿短边方向受力的单向板计算。

②当长边与短边长度之比不大于 2 时,应按双向板计算。

③当长边与短边长度之比介于 2 和 3 之间时,宜按双向板计算;当按沿短边方向受力的单向板计算时,应沿长边方向布置足够数量的构造钢筋。

根据以上规定,本设计实例板的长短边比值为 $\dfrac{6.6}{2}=3.3>3$,故可以按单向板肋梁楼盖进行设计。

3. 初步确定各构件截面尺寸

1）板

板厚除满足承载力、刚度、抗裂要求外，还应满足施工方面的要求。

考虑刚度要求：板厚 $h \geq \frac{1}{30} l_0 = \left(\frac{1}{30} \times 2000\right) \text{mm} = 66.67 \text{ mm}$。

考虑施工要求：工业建筑楼板最小板厚为 70 mm。

则本设计取板厚 $h = 80$ mm。

2）次梁

次梁截面高度应满足 $h = \left(\frac{1}{18} \sim \frac{1}{12}\right) l_0 = \left[\left(\frac{1}{18} \sim \frac{1}{12}\right) \times 6600\right] \text{mm} = (366 \sim 550) \text{mm}$，考虑

本设计楼面荷载较大，取 $h = 500$ mm。

梁宽 $b = \left(\frac{1}{3} \sim \frac{1}{2}\right) h = \left[\left(\frac{1}{3} \sim \frac{1}{2}\right) \times 500\right] \text{mm} = (167 \sim 250) \text{mm}$，取 $b = 200$ mm。

则次梁截面尺寸 $b \times h$ 为 200 mm×500 mm。

3）主梁

主梁截面高度应满足 $h = \left(\frac{1}{14} \sim \frac{1}{8}\right) l_0 = \left[\left(\frac{1}{14} \sim \frac{1}{8}\right) \times 6000\right] \text{mm} = (429 \sim 750) \text{mm}$，取

$h = 650$ mm。

梁宽 $b = \left(\frac{1}{3} \sim \frac{1}{2}\right) h = \left[\left(\frac{1}{3} \sim \frac{1}{2}\right) \times 650\right] \text{mm} = (217 \sim 325) \text{mm}$，取 $b = 250$ mm。

则主梁截面尺寸 $b \times h$ 为 250 mm×650 mm。

三、板的设计

对多跨连续单向板，按塑性理论计算。

1. 确定计算简图

根据构造规定，现浇板在砖墙上的支承长度 $a \geq (120 \text{ mm}; \text{板厚}; 1/2 \text{墙厚}) = (120 \text{ mm};$

$80 \text{ mm}; \frac{370}{2} \text{ mm}) = 185 \text{ mm}$，取 $a = 200 \text{mm}$。板的实际支承情况如图 1-3(a)所示。

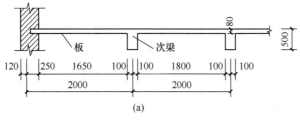

(a)

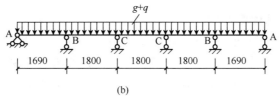

(b)

图 1-3 板的实际支承图与计算简图

（a）板的实际支承图；（b）板的计算简图

板为多跨连续板,对于跨数超过五跨的等截面连续板,其各跨受荷相同,且跨度相差不超过10%时,均可按五跨等跨度连续板计算,也就是说,所有中间跨的内力和配筋都按第三跨来处理,如图1-3(b)所示。

在平行板的短边方向取1 m宽板为计算单元。

(1)荷载计算。

20 mm厚水泥砂浆面层	(0.02×20) kN/m² = 0.4 kN/m²
80 mm厚钢筋混凝土板	(0.08×25) kN/m² = 2.0 kN/m²
15 mm厚石灰砂浆抹灰	(0.015×17) kN/m² = 0.26 kN/m²
恒载标准值	$g_k = 2.66$ kN/m²
恒载设计值	$g = (1.2 \times 2.66)$ kN/m² = 3.19 kN/m²
活载设计值	$q = (1.3 \times 6.5)$ kN/m² = 8.45 kN/m²

恒载分项系数取1.2,活载分项系数取1.4,由于楼面活载标准值为6.5 kN/m² > 4 kN/m²,故活载分项系数取1.3。

总荷载设计值　　　　　　　　$g + q = 11.64$ kN/m²

即每米板宽所受线荷载设计值为11.64 kN/m。

(2)跨度计算。

边跨:

$$l_{01} = l_{n1} + \frac{h}{2} = [(2000 - 200/2 - 250) + 80/2] \text{mm} = 1690 \text{ mm}$$

$$l_{01} = l_{n1} + \frac{a}{2} = [(2000 - 200/2 - 250) + 200/2] \text{mm} = 1750 \text{ mm}$$

取上述两者中较小值:$l_{01} = 1690$ mm。

中间跨:$l_{02} = l_{03} = l_n = (2000 - 200)$ mm = 1800 mm(塑性计算取中间支座间净距)。

跨度差:$[(1800 - 1690)/1800] \times 100\% = 6.11\% < 10\%$,故可按等跨连续板计算;本设计为九跨连续板,超过五跨按五跨计算。板的计算简图如图1-3(b)所示。

2. 内力计算

板的弯矩计算见表1-2。

表1-2　板的弯矩计算

截面位置	1(边跨中)	B(支座)	2、3(中间跨中)	C(中间支座)
弯矩系数 α_M	$\frac{1}{11}$	$-\frac{1}{11}$	$\frac{1}{16}$	$-\frac{1}{14}$
$M = \alpha_M(g+q)l_0^2$ /(kN·m)	$\frac{1}{11} \times 11.64 \times 1.69^2 = 3.02$	$-\frac{1}{11} \times 11.64 \times 1.8^2 = -3.43$	$\frac{1}{16} \times 11.64 \times 1.8^2 = 2.36$	$-\frac{1}{14} \times 11.64 \times 1.8^2 = -2.69$

注:计算跨中截面弯矩时,采用本跨的计算跨度;计算支座负弯矩时,计算跨度取相邻左右两跨计算跨度的较大值。

3. 受力钢筋的配筋计算

(1)板一般均能满足斜截面抗剪承载力要求,所以只进行正截面抗弯承载力计算。

(2)由弯矩计算确定的受力钢筋有承受负弯矩的板面负筋和承受正弯矩的板底受力钢筋两种。一般采用HRB400和HRB335,直径为6、8、10 mm或12 mm的钢筋。为了施工中不易被踩坏,支座负钢筋直径一般不小于8 mm,宜采用10 mm或12 mm。

垂直于次梁方向取1 m宽板带计算,$b = 1000$ mm,$h = 80$ mm,$h_0 = h - 25$ mm = 55 mm,

配筋采用 HRB400（$f_y = 360$ N/mm²），混凝土采用 C25（$f_c = 11.9$ N/mm²，$f_t = 1.27$ N/mm²）。

板的配筋计算见表 1-3。

表 1-3　板的配筋计算

截面位置	1(跨中)	B(支座)	2、3(跨中)	C(支座)
弯矩 $M/(\text{kN} \cdot \text{m})$	3.02	−3.43	2.36	−2.69
h_0/mm	55	55	55	55
$\alpha_s = \dfrac{M}{\alpha_1 f_c b h_0^2}$	0.084	0.095	0.066	0.075
$\xi = 1 - \sqrt{1 - 2\alpha_s}$	0.088	0.100<0.35	0.068	0.078
$A_s = \dfrac{\alpha_1 f_c \xi b h_0}{f_y}$ /mm²	160	182	123	142
$\rho_{\min} = \left(0.2\%, 0.45\dfrac{f_t}{f_y}\right)_{\max}$	$\rho_{\min} = \left(0.2\%, 0.45 \times \dfrac{1.27}{360}\right)_{\max} = (0.2\%, 0.16\%)_{\max} = 0.2\%$			
$A_{s,\min} = \rho_{\min} b h$ /mm²	$A_{s,\min} = 0.2\% \times 1000 \times 80 = 160$			
实配钢筋	$\Phi 6@170$	$\Phi 6@150$	$\Phi 6@170$	$\Phi 6@170$
实配钢筋面积/mm²	166	189	166	166

注：计算时也可将四周与梁整浇的板的跨中弯矩及中间支座弯矩折减 20% 计算。

4. 构造钢筋计算

1）分布筋

通过构造要求确定。其截面面积不宜小于受力钢筋的 15%，且不宜小于该方向板截面面积的 0.15%。分布钢筋的间距不宜大于 250 mm，直径不宜小于 6 mm。

分布筋选择应满足下列三项要求：

(1)$A_{s\text{分布筋}} \geqslant 15\% A_{s\text{跨中受力筋}} = (15\% \times 166) \text{mm}^2 = 25 \text{ mm}^2$。

(2)$A_{s\text{分布筋}} \geqslant 0.15\% bh = (0.15\% \times 1000 \times 80) \text{mm}^2 = 120 \text{ mm}^2$。

(3)根据构造规定可知，分布筋直径 $d \geqslant 6$ mm，间距 $s \leqslant 250$ mm，得 $A_{s\text{分布筋}} \geqslant 113 \text{ mm}^2$。

因此，分布筋面积取三者中最大值即 $A_{s\text{分布筋}} \geqslant 120 \text{ mm}^2$，选用 $\Phi 6@200$（$A_s = 141 \text{ mm}^2$）。

2）垂直于主梁的板面构造钢筋

当现浇板的受力钢筋与梁平行时，例如单向板肋梁楼盖的主梁，此时靠近主梁梁肋的板面荷载将直接传给主梁而引起负弯矩，这样将引起板与主梁连接处的板面产生裂缝。因此，《混凝土结构设计规范》(GB 50010—2010)规定：应沿主梁长度方向配置间距不大于 200 mm 且与主梁垂直的上部构造钢筋，其直径不宜小于 8 mm，钢筋截面面积不宜小于板底跨中受力钢筋截面面积的 1/3。

板面构造筋选择应满足下列两项要求：

(1)$A_{s构造筋} \geq \dfrac{1}{3} A_{s跨中受力筋} = \left(\dfrac{1}{3} \times 166 \right) mm^2 = 55\ mm^2$。

(2)根据构造规定可知,构造筋直径 $d \geq 8\ mm$,间距 $s \leq 200\ mm$,得 $A_{s构造筋} \geq 251\ mm^2$。

因此,板面构造筋面积取两者中最大值,即 $A_{s构造筋} \geq 251\ mm^2$,故垂直于主梁的板面构造筋选用 $\Phi 8@200(A_s = 251\ mm^2)$。

3)嵌入承重墙内的板面构造钢筋

按简支边计算的现浇板,当嵌固在承重墙内时,由于墙的约束作用,板在墙边会产生一定的板面负弯距,使板面受拉开裂。因此,《混凝土结构设计规范》(GB 50010—2010)规定:对于嵌固在承重砌体墙内的现浇混凝土板,应在板边和板角部位配置防裂的板面构造钢筋,其直径不宜小于 8 mm,间距不宜大于 200 mm,钢筋截面面积不宜小于相应方向板底跨中钢筋截面面积的 1/3。

板面构造筋选择应满足要求同垂直于主梁的板面构造钢筋的选择要求。

5. 板的配筋图

1)配筋方式

配筋方式有分离式配筋和弯起式配筋两种。分离式配筋由于施工方便,已成为工程中常用的配筋方式。本设计即采用分离式配筋。

2)板的受力钢筋

(1)支座(次梁)处的板面负弯矩钢筋:对于板面的负弯矩钢筋,为了保证锚固可靠,保证施工时钢筋的设计位置,宜做成直抵模板的直钩支撑在板底模上。因此,直钩部分的钢筋长度为板厚减净保护层厚。

可在距支座边缘不小于 a 的位置截断,其取值如下:

当 $q/g \leq 3$ 时,$a = l_n/4$;

当 $q/g > 3$ 时,$a = l_n/3$。

式中:g、q——恒荷载及活荷载设计值;

l_n——板的净跨度。

(2)跨内(沿单向板短边方向)的承受正弯矩的板底受力钢筋:简支板或连续板下部纵向受力钢筋伸入支座的锚固长度不应小于 $5d$ 且至梁的中心线,d 为下部纵向受力钢筋的直径,一般伸到板端留保护层。如图 1-4 所示。

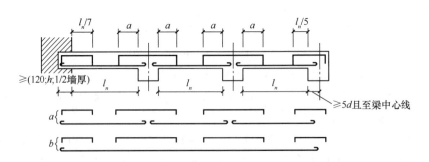

图 1-4 连续单向板的分离式配筋方式

3)板中构造钢筋

(1)板底分布钢筋:当按单向板设计时,除沿板受力方向(计算跨度方向)布置受力钢筋外,还应在垂直受力方向布置分布钢筋,分布钢筋的间距不宜大于 250 mm,直径不宜小于 6 mm。分布钢筋伸入支座的锚固长度为现浇板在砖墙上的支承长度 a 减去板的保护层厚度 c。

(2)垂直于主梁的板面构造钢筋:应沿主梁长度方向配置间距不大于 200 mm 且与主梁垂直的上部构造钢筋,其直径不宜小于 8 mm。该构造钢筋伸入板内的长度从梁边算起每边不宜小于 $l_0/4$,l_0 为板的计算跨度。如图 1-5 所示。

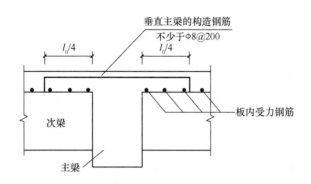

图 1-5　与主梁垂直的构造钢筋

(3)嵌入承重墙内的板面构造钢筋:对于嵌固在承重砌体墙内的现浇混凝土板,应在板边和板角部位配置防裂的板面构造钢筋,其直径不宜小于 8 mm,间距不宜大于 200 mm,并应符合下列规定:

①钢筋截面面积不宜小于相应方向板底跨中钢筋截面面积的 1/3。

②与板边垂直的构造钢筋伸入板内的长度,从墙边算起不宜小于 $l_0/7$,l_0 为板在受力方向的计算跨度。

③在两边嵌固于承重墙内的板角处,应沿板角双向布置板面构造钢筋;该钢筋伸入板内的长度从墙边算起不宜小于 $l_0/4$,l_0 为板在受力方向的计算跨度。

板中构造钢筋的锚固要求如图 1-6 所示。

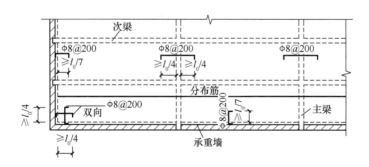

图 1-6　板的构造钢筋

4)板的配筋图

板的配筋图如图 1-7 所示。

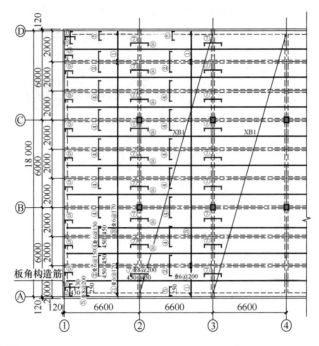

板配筋图说明:
1. 楼板混凝土强度等级为C25。
2. 图中未注明板厚均为80 mm。
3. 图中底筋长度伸至梁中线,负筋直钩为板厚减去20 mm。
4. 支座负筋的标注长度均为从支座边算起的钢筋外伸长度。
5. 图中未注明板角构造负筋均为Φ8@200。

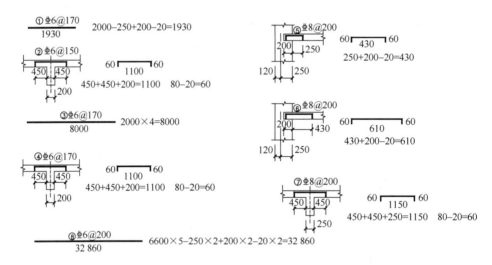

图 1-7　板的配筋图

四、次梁的设计

对多跨连续次梁,按塑性理论计算。

1. 计算简图

根据构造规定,次梁在砖墙上的支承长度 $a \geqslant 240$ mm,取 $a = 240$ mm。次梁的实际支承情况如图 1-8(a)所示。

当多跨连续次梁的跨数超过五跨,并且各跨受荷相同,且跨度相差不超过 10% 时,可按五跨等跨度连续梁计算,所有中间跨的内力和配筋都按第三跨来处理,如图 1-8(b)所示。

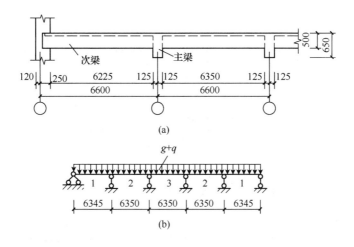

图 1-8　次梁的实际支承图与计算简图

(a)次梁的实际支承图;(b)次梁的计算简图

(1)荷载计算。

次梁所受荷载主要由板传来,即板面荷载×次梁间距,就是次梁所受的主要线荷载,另外要考虑次梁的自重和抹灰重量。注意计算次梁自重时要扣除板的自重部分。

板传来的恒荷载	(2.66×2)kN/m$=5.32$ kN/m
次梁自重	$[0.2 \times (0.5 - 0.08) \times 25]kN/m=2.1$ kN/m
梁侧抹灰	$[0.015 \times (0.5 - 0.08) \times 17 \times 2]kN/m=0.21$ kN/m
恒载标准值	$g_k = 7.63$ kN/m
活载标准值	$q_k = (6.5 \times 2)$kN/m$=13$ kN/m
总荷载设计值	$g + q = (1.2 \times 7.63 + 1.3 \times 13)kN/m=26.06$ kN/m

(2)跨度计算。

边跨:

$$l_{01} = l_{n1} + \frac{a}{2} = \left[\left(6600 - \frac{250}{2} - 250\right) + \frac{240}{2}\right] \text{mm} = 6345 \text{ mm}$$

$$l_{01} = 1.025 l_{n1} = \left[1.025 \times \left(6600 - \frac{250}{2} - 250\right)\right] \text{mm} = 6380 \text{ mm}$$

取上述两者中较小值:$l_{01} = 6345$ mm。

中间跨:$l_{02} = l_{03} = l_n = (6600 - 250)mm= 6350$ mm(塑性计算取中间支座间净距)。

跨度差:$[(6350 - 6345)/6350] \times 100\% = 0.08\% < 10\%$,故按等跨连续梁计算;本设计次梁仅为五跨,按五跨连续梁计算。计算简图如图 1-8(b)所示。

2. 内力计算

次梁弯矩计算见表 1-4。

表 1-4　次梁弯矩计算

截面位置	1(边跨中)	B(支座)	2、3(中间跨中)	C(中间支座)
弯矩系数 α_M	$\dfrac{1}{11}$	$-\dfrac{1}{11}$	$\dfrac{1}{16}$	$-\dfrac{1}{14}$
$M = \alpha_M(g+q)l_0^2$ /(kN·m)	$\dfrac{1}{11} \times 26.06 \times$ $6.345^2 = 95.38$	$-\dfrac{1}{11} \times 26.06 \times$ $6.35^2 = -95.53$	$\dfrac{1}{16} \times 26.06 \times$ $6.35^2 = 65.68$	$-\dfrac{1}{14} \times 26.06 \times$ $6.35^2 = -75.06$

注:计算跨中截面弯矩时,采用本跨的计算跨度;计算支座负弯矩时,计算跨度取相邻左右两跨计算跨度的最大值。

次梁剪力计算见表 1-5。

表 1-5　次梁剪力计算

截面位置	A(支座)	B[支座(左)]	B[支座(右)]	C(支座)
剪力系数 α_V	0.45	0.6	0.55	0.55
$V = \alpha_V(g+q)l_n$ /kN	$0.45 \times 26.06 \times$ $6.225 = 73.0$	$0.6 \times 26.06 \times$ $6.225 = 97.33$	$0.55 \times 26.06 \times$ $6.35 = 91.01$	91.01

注:计算支座左右两侧剪力时,分别用该支座左右两跨的净跨计算。例如:计算 B 支座左侧剪力时,用第一跨的净跨 (6.225 m)计算;计算 B 支座右侧剪力时,用第二跨的净跨(6.35 m)计算。

3. 配筋计算

1)配筋计算要点

(1)正截面承载力计算。

计算要点:在现浇板肋梁楼盖中,板可作为次梁的翼缘。在次梁跨中正弯矩区段,翼缘位于受压区,故应按 T 形截面计算;在支座附近的负弯矩区段,翼缘位于受拉区,应按矩形截面计算。当次梁考虑塑性内力重分布时,调幅截面的相对受压区高度应满足 $x \leqslant 0.35h_0$ 的限制条件。

根据次梁各截面的最大弯矩进行正截面承载力计算,确定纵向受力钢筋面积、直径和根数,参考表 1-6 的形式,列表进行计算。

(2)斜截面承载力计算。

计算要点:钢筋混凝土次梁斜截面承载力的计算方法与普通受弯构件相同,按斜截面受剪承载力确定抗剪钢筋用量,当荷载、跨度较小时,一般只利用箍筋抗剪,即根据抗剪承载力确定箍筋肢数、直径和间距,参考表 1-7 进行计算。计算截面的位置取在支座边缘处,求支座边缘处剪力时用净跨计算。

2)配筋计算

混凝土采用 C25($f_c = 11.9$ N/mm^2,$f_t = 1.27$ N/mm^2),纵筋、箍筋均采用 HRB400($f_y = 360$ N/mm^2)。

次梁跨中按 T 形截面进行正截面承载力计算,其翼缘计算宽度为:

$$b_f' = \frac{l_0}{3} = \frac{6350}{3} \text{ mm} = 2117 \text{ mm}$$

$$b_\mathrm{f}' = b + s_n = (200 + 1800)\mathrm{mm} = 2000~\mathrm{mm}_\circ$$

取两者中的较小值,$b_\mathrm{f}' = 2000~\mathrm{mm}_\circ$

跨中截面 $h = 500~\mathrm{mm}$,$h_0 = (500 - 45)\mathrm{mm} = 455~\mathrm{mm}$;翼缘厚度 $h_\mathrm{f}' = 80~\mathrm{mm}_\circ$

判别 T 形截面类型:

$$\alpha_1 f_\mathrm{c} b_\mathrm{f}' h_\mathrm{f}' (h_0 - h_\mathrm{f}'/2) = [1.0 \times 11.9 \times 2000 \times 80 \times (455 - 80/2) \times 10^{-6}]\mathrm{kN \cdot m}$$
$$= 790.16~\mathrm{kN \cdot m} > 95.38~\mathrm{kN \cdot m} = M_{1\mathrm{max}}^+$$

故属于第一类 T 形截面。

次梁支座截面按矩形截面计算,各截面配筋均按单排计算,$h_0 = 455~\mathrm{mm}$,次梁正截面配筋计算及斜截面配筋计算分别见表 1-6 和表 1-7。

表 1-6　次梁正截面配筋计算

截面位置	1[边跨中(T 形)]	B[支座(矩形)]	2、3[中间跨中(T 形)]	C[支座(矩形)]
弯矩 $M/(\mathrm{kN \cdot m})$	95.38	−95.53	65.68	−75.06
b 或 $b_\mathrm{f}'/\mathrm{mm}$	2000	200	2000	200
h_0/mm	455	455	455	455
$\alpha_\mathrm{s} = \dfrac{M}{\alpha_1 f_\mathrm{c} b h_0^2}$	0.019	0.194	0.013	0.152
$\xi = 1 - \sqrt{1 - 2\alpha_\mathrm{s}}$	0.019	0.218<0.35	0.013	0.166
$A_\mathrm{s} = \dfrac{\alpha_1 f_\mathrm{c} \xi b h_0}{f_y}$ /mm²	571	655	391	499
$\rho_{\min} = \left(0.2\%, 0.45 \times \dfrac{f_\mathrm{t}}{f_y}\right)_{\max}$	$\rho_{\min} = \left(0.2\%, 0.45 \times \dfrac{1.27}{360}\right)_{\max} = (0.2\%, 0.16\%)_{\max} = 0.2\%$			
$A_{\mathrm{s,min}} = \rho_{\min} b h$ /mm²	$0.2\% \times 200 \times 500 = 200$			
实配钢筋	3 ⫶ 16	2 ⫶ 14 + 2 ⫶ 16	2 ⫶ 16	2 ⫶ 18
实配钢筋面积/mm²	603	628	402	509

表 1-7　次梁斜截面配筋计算

截面位置	A(支座)	B[支座(左)]	B[支座(右)]	C(支座)
剪力 V/kN	73.0	97.33	91.01	91.01
$\dfrac{h_\mathrm{w}}{b}$	$\dfrac{455 - 80}{200} = 1.875 < 4$			
$0.25\beta_\mathrm{c} f_\mathrm{c} b h_0$ /kN	$0.25 \times 1.0 \times 11.9 \times 200 \times 455 \times 10^{-3} = 270.7 > V$			

续表

截面位置	A(支座)	B[支座(左)]	B[支座(右)]	C(支座)
$V_c = 0.7 f_t b h_0$ /kN	81 kN>V 按构造配箍	81 kN<V 按计算配箍	81 kN<V 按计算配箍	81 kN<V 按计算配箍
选用箍筋肢数、直径	双肢Φ6			
$A_{sv} = n A_{sv1}$ /mm²	$2 \times 28.3 = 56.6$			
$s \leqslant \dfrac{f_{yv} A_{sv} h_0}{V - 0.7 f_t b h_0}$ /mm	—	568	927	927
箍筋最大间距 s_{max} /mm	300	200		
实配箍筋间距 s /mm	200			
配箍率 $\rho_{sv} = \dfrac{\Lambda_{sv}}{bs} \times 100\%$	$\dfrac{56.6}{200 \times 200} \times 100\% = 0.142\%$			
$\rho_{sv,min} = \dfrac{0.24 f_t}{f_{yv}} \times 100\%$	$\dfrac{0.24 \times 1.27}{360} \times 100\% = 0.08\% < 0.142\%$ 满足最小配箍率要求			

4. 次梁配筋图

1)构造要求

(1)纵向受力钢筋。

①级别:宜采用 HRB400、HRB500 级钢筋。

②直径:不小于 12 mm,常用直径为 12、14、16、18、20、22、25 mm。

③根数:不少于 2 根。

(2)架立钢筋。

架立钢筋置于梁的受压区,位于梁的角部。架立钢筋的直径,当梁的跨度小于 4 m 时,不宜小于8 mm;当梁的跨度为 4~6 m 时,不宜小于 10 mm;当梁的跨度大于 6 m 时,不宜小于 12 mm。

(3)箍筋。

①级别:普通箍筋宜采用 HRB400、HRB500 钢筋,也可采用 HRB335 和 HPB300 钢筋。

②数量与布置:箍筋的数量应通过计算配箍($V>0.7 f_t b h_0$ 时)或构造配箍($V \leqslant 0.7 f_t b h_0$ 时)确定。当梁承受的剪力较小而截面尺寸较大,按计算不需要配置箍筋时,应按构造规定选配箍筋,箍筋沿梁全长等间距设置,同时满足箍筋最小直径和最大间距要求。

③直径:当梁高 $h \leqslant 800$ mm 时,箍筋的直径不应小于 6 mm;当 $h>800$ mm 时,直径不应小于 8 mm。梁中配有计算需要的纵向受压钢筋时,箍筋直径还应不小于 $d/4$(d 为纵向受压钢筋最大直径)。

④形式和肢数。箍筋的形式有封闭式和开口式两种,一般采用封闭式。箍筋肢数有单肢、双肢和四肢等。一般情况下可按如下规定采用:当梁宽 $b \leqslant 150$ mm 时,用单肢箍;当 150 mm$<b \leqslant 400$ mm 时,用双肢箍;当 $b > 400$ mm 且一层内纵向受压钢筋多于 3 根,或 $b \leqslant 400$ mm 且一层内纵向受压钢筋多于 4 根时,用四肢箍。箍筋的弯钩长度要求如图 1-9 所示。

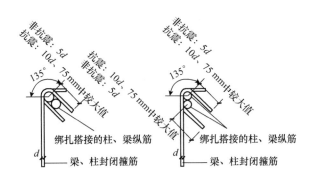

图 1-9 箍筋弯钩构造

(4)配筋方式。

对于相邻跨度相差不超过 20%,且均布活荷载和恒荷载的比值 $q/g \leqslant 3$ 的连续次梁,其纵向受力钢筋的按图 1-10 设置。边支座上部纵向构造钢筋面积不小于 $A_s/4$(A_s 为梁跨中下部纵向受力钢筋计算所需截面面积),且不少于 2 根,自支座边缘向跨内伸出长度不应小于 $l_0/5$(l_0 为梁的计算跨度),其伸入边支座的锚固长度如图 1-10 所示,可用来承担部分负弯矩并兼作架立钢筋。位于次梁下部的纵向钢筋应全部伸入支座,不得在跨内截断。下部纵筋伸入边支座和中间支座的锚固长度要求如图 1-10 所示。

连续次梁因截面上下均配置受力钢筋,所以一般均沿梁全长配置封闭式箍筋,第一道箍筋从支座边 50 mm 处开始布置。

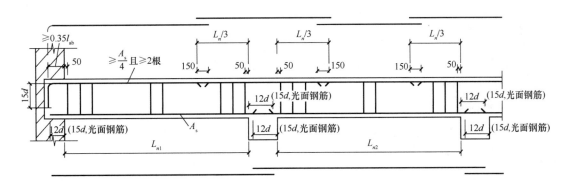

注:跨度值 L_n 为左跨 L_{ni} 和右跨 L_{ni+1} 之较大值,其中 i=1,2,3…

图 1-10 次梁配筋构造

2)绘制次梁配筋图

次梁配筋图如图 1-11 所示。

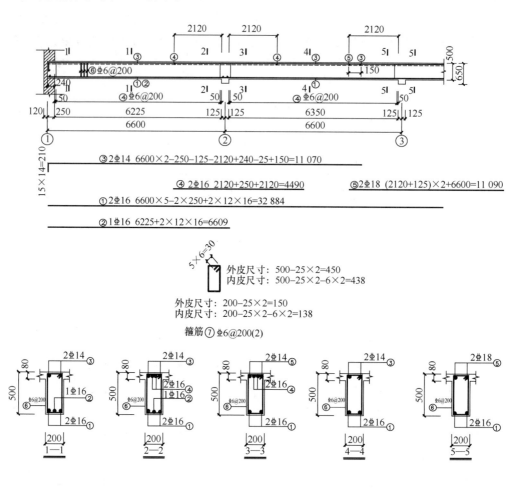

图 1-11　次梁配筋图

五、主梁的设计

主梁上的荷载较大,且结构的重要性超过板和次梁,为保证主梁具有足够的可靠性,主梁按弹性理论计算。

1. 计算简图

根据构造规定,主梁在砖墙上的支承长度 $a \geq 370$ mm,取 $a = 370$ mm。主梁的实际支承情况如图 1-12(a)所示。

(1)荷载计算。

主梁除承受自重外,主要是次梁传来的集中荷载。为简化计算,可将主梁的自重等效为集中荷载,其作用点与次梁的位置相同。

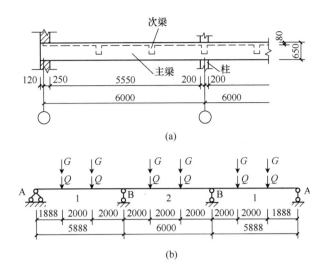

图 1-12　主梁的实际支承图和计算简图

(a)主梁的实际支承图；(b)主梁的计算简图

次梁传来的集中恒荷载　　　　　　$(7.63 \times 6.6) \text{kN} = 50.36 \text{ kN}$

主梁自重(折算为集中荷载)　　　　$[0.25 \times (0.65 - 0.08) \times 25 \times 2.0] \text{kN} = 7.13 \text{ kN}$

梁侧抹灰(折算为集中荷载)　　　　$[0.015 \times (0.65 - 0.08) \times 17 \times 2.0 \times 2] \text{kN} = 0.58 \text{ kN}$

恒荷载标准值　　　　　　　　　　$G_k = 58.07 \text{ kN}$

活荷载标准值　　　　　　　　　　$Q_k = (13 \times 6.6) \text{kN} = 85.8 \text{ kN}$

恒荷载设计值　　　　　　　　　　$G = (1.2 \times 58.07) \text{kN} = 69.68 \text{ kN}$

活荷载设计值　　　　　　　　　　$Q = (1.3 \times 85.8) \text{kN} = 111.54 \text{ kN}$

总荷载设计值　　　　　　　　　　$G + Q = (69.68 + 111.54) \text{kN} = 181.22 \text{ kN}$

(2)跨度计算。

边跨：

$$l_{01} = l_{n1} + \frac{a}{2} + \frac{b}{2} = \left[\left(6000 - 250 - \frac{400}{2}\right) + 370/2 + 400/2 \right] \text{mm} = 5935 \text{ mm}$$

$$l_{01} = 1.025 l_{n1} + \frac{b}{2} = \left[1.025 \times \left(6000 - 250 - \frac{400}{2}\right) + \frac{400}{2} \right] \text{mm} = 5888 \text{ mm}$$

取上述两者较小值：$l_{01} = 5888 \text{ mm}$。

中间跨：$l_{02} = 6000 \text{ mm}$(弹性计算取支座中心线间距)。

跨度差：$[(6000 - 5888)/6000] \times 100\% = 1.87\% < 10\%$，故按等跨连续梁计算；本设计主梁仅为三跨，按三跨连续梁计算。计算简图如图 1-12(b)所示。

2. 内力计算

根据弹性算法的计算步骤，由于主梁为三跨连续梁，考虑结构的对称性，经分析需要计算的内力为 $M_{1\max}^+$、$M_{2\max}^+$、$M_{2\max}^-$、$M_{B\max}^-$、$V_{A右}$、$V_{B左}$、$V_{B右}$。

(1)计算 $M_{1\max}^+$、$M_{2\max}^-$、$V_{A右}$。

计算 M_{1max}^{+}、M_{2max}^{-}、$V_{A右}$ 的荷载布置图如图 1-3 所示。

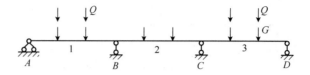

图 1-13 求 M_{1max}^{+}、M_{2max}^{-}、$V_{A右}$ 的荷载布置图

$$M_{1max}^{+} = k_1 G l_{01} + k_2 Q l_{01}$$
$$= (0.244 \times 69.68 \times 5.888 + 0.289 \times 111.54 \times 5.888) \text{kN} \cdot \text{m}$$
$$= 289.9 \text{ kN} \cdot \text{m}$$

$$M_{2max}^{-} = k_1 G l_{02} + k_2 Q l_{02}$$
$$= [0.067 \times 69.68 \times 6 + (-0.133) \times 111.54 \times 6] \text{kN} \cdot \text{m}$$
$$= -61.0 \text{ kN} \cdot \text{m}$$

$$V_{A右} = k_3 G + k_4 Q$$
$$= (0.733 \times 69.68 + 0.866 \times 111.54) \text{kN}$$
$$= 147.67 \text{ kN}$$

（2）计算 M_{Bmax}^{-}、$V_{B左}$、$V_{B右}$。

计算 M_{Bmax}^{-}、$V_{B左}$、$V_{B右}$ 的荷载布置图如图 1-14 所示。

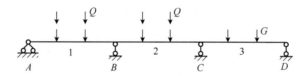

图 1-14 求 M_{Bmax}^{-}、$V_{B左}$、$V_{B右}$ 的荷载布置图

$$M_{Bmax}^{-} = k_1 G l_{0B} + k_2 Q l_{0B}$$
$$= [(-0.267) \times 69.68 \times 5.944 + (-0.311) \times 111.54 \times 5.944] \text{kN} \cdot \text{m}$$
$$= -316.78 \text{ kN} \cdot \text{m}$$

式中：$l_{0B} = \dfrac{l_{01} + l_{02}}{2} = \dfrac{5.888 + 6}{2} \text{m} = 5.944 \text{ m}$。

$$V_{B左} = k_3 G + k_4 Q$$
$$= [-1.267 \times 69.68 + (-1.311) \times 111.54] \text{kN}$$
$$= -234.51 \text{ kN}$$

$$V_{B右} = k_3 G + k_4 Q$$
$$= (1.0 \times 69.68 + 1.222 \times 111.54) \text{kN}$$
$$= 205.98 \text{ kN}$$

（3）计算 M_{2max}^{+}。

计算 $M_{2\max}^+$ 的荷载布置图如图 1-15 所示。

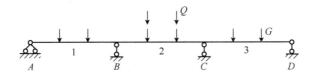

图 1-15　求 $M_{2\max}^+$ 的荷载布置图

$$M_{2\max}^+ = k_1 G l_{02} + k_2 Q l_{02}$$
$$= (0.067 \times 69.68 \times 6 + 0.200 \times 111.54 \times 6) \text{kN} \cdot \text{m}$$
$$= 161.86 \text{ kN} \cdot \text{m}$$

3. 配筋计算

(1)正截面承载力计算。

根据主梁各截面的最大弯矩进行正截面承载力计算,确定纵向受力钢筋面积、直径和根数。

因梁、板整体浇筑,板可作为主梁的翼缘。故主梁跨中截面承受正弯矩,翼缘位于受压区,按 T 形截面计算,支座截面承受负弯矩,翼缘位于受拉区,按矩形截面计算。

(2)斜截面承载力计算:按斜截面受剪承载力确定抗剪钢筋,一般只利用箍筋抗剪。

(3)主梁在支座截面的有效高度:在主梁支座处,由于板、次梁和主梁截面的上部纵向钢筋相互交叉重叠,如图 1-16 所示。主梁负筋位于板和次梁的负筋之下,因此主梁支座截面的有效高度减小。在计算主梁支座截面纵筋时,在室内正常环境下,截面有效高度 h_0 可近似如下取值。

①当混凝土强度等级不小于 C30 时:

单排钢筋　　　　　　　$h_0 = h - (55 \sim 65) \text{mm}$

双排钢筋　　　　　　　$h_0 = h - (80 \sim 90) \text{mm}$

②当混凝土强度等级小于 C30 时:

单排钢筋　　　　　　　$h_0 = h - (60 \sim 70) \text{mm}$

双排钢筋　　　　　　　$h_0 = h - (85 \sim 95) \text{mm}$

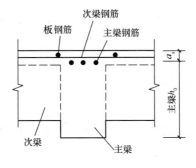

图 1-16　主梁在支座截面上的有效高度

(4)支座弯矩和剪力设计值——支座宽度的影响。

按弹性理论计算连续梁、板内力时,中间跨的计算跨度取支座中心线间的距离,这样求出的支座弯矩和支座剪力都是指支座中心线处的。当梁、板与支座整浇时,支座边缘处的截面高度比支座中心处的小得多,因此控制截面应在支座边缘处。为了使梁、板结构的设计更加经济合理,可取支座边缘的内力作为设计依据,并按下列公式计算,如图 1-17 所示。

弯矩设计值:
$$M_b = M - V_0 \times \frac{b}{2}$$

剪力设计值:
$$V_b = V$$

式中:M——支座中心线处的弯矩设计值,即按弹性理论计算出的支座最大负弯矩,取绝对值;

$\quad V$——支座中心线处的剪力设计值;

M_b、V_b——分别为支座边缘处的弯矩、剪力设计值;

$\quad V_0$——按简支梁计算的支座中心线处的剪力设计值,取绝对值;

$\quad b$——支座宽度。

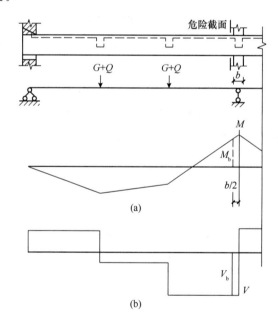

图 1-17 主梁支座边缘处的计算弯矩和计算剪力

(a)弯矩图;(b)剪力图

本设计中混凝土采用 C25($f_c = 11.9$ N/mm²,$f_t = 1.27$ N/mm²),纵筋、箍筋均采用 HRB400($f_y = 360$ N/mm²)。

主梁跨中按 T 形截面进行正截面承载力计算,其翼缘计算宽度为:

$$b_f' = \frac{l_0}{3} = \frac{6000}{3} \text{mm} = 2000 \text{ mm}$$

$$b_f' = b + s_n = (250 + 6350) \text{mm} = 6600 \text{ mm}$$

取两者中的较小值，$b'_f = 2000$ mm。

跨中截面 $h = 650$ mm，$h_0 = (650-45)$mm $= 605$ mm；翼缘厚度 $h'_f = 80$ mm。

判别 T 形截面类型

$$\alpha_1 f_c b'_f h'_f \left(h_0 - \frac{h'_f}{2}\right) = \left[1.0 \times 11.9 \times 2000 \times 80 \times \left(605 - \frac{80}{2}\right) \times 10^{-6}\right] \text{kN} \cdot \text{m}$$

$$= 1075.76 \text{ kN} \cdot \text{m} > 289.91 \text{ kN} \cdot \text{m} = M^+_{1\max}$$

故属于第一类 T 形截面。

B 支座边缘的计算弯矩：

$$M_b = M - V_0 \times \frac{b}{2} = \left(316.78 - 181.22 \times \frac{0.4}{2}\right) \text{kN} \cdot \text{m} = 280.54 \text{ kN} \cdot \text{m}$$

主梁正截面配筋计算及斜截面配筋计算分别见表 1-8 和表 1-9。

表 1-8　主梁正截面配筋计算

截面位置	1（跨中）	B（支座）	2（跨中）	
			$M^+_{2\max}$	$M^-_{2\max}$
截面形式	T 形	矩形	T 形	矩形
弯矩 M/kN·m	289.91	-280.54	161.86	-61.0
b 或 b'_f/mm	2000	250	2000	250
a_s/mm	45（单排）	85（双排）	45（单排）	60（单排）
h_0/mm	605	565	605	590
$\alpha_s = \dfrac{M}{\alpha_1 f_c b h_0^2}$	0.033	0.295	0.019	0.059
$\xi = 1 - \sqrt{1-2\alpha_s}$	0.034	$0.360 < \xi_b = 0.518$	0.019	0.061
$A_s = \dfrac{\alpha_1 f_c \xi b h_0}{f_y}$　/mm²	1360	1681	760	297
$\rho_{\min} = \left(0.2\%, 0.45\dfrac{f_t}{f_y}\right)_{\max}$	$\left(0.2\%, 0.45 \times \dfrac{1.27}{360}\right)_{\max} = (0.2\%, 0.16\%)_{\max} = 0.2\%$			
$A_{s,\min} = \rho_{\min} b h$　/mm²	$0.2\% \times 250 \times 650 = 325$			
实配钢筋	2⫶20+2⫶22	2⫶18+4⫶20(4/2)	2⫶22	2⫶18
实配钢筋面积/mm²	1388	2281	760	509

表 1-9　主梁斜截面配筋计算

截面位置	边支座 A	中间支座 B 左侧	中间支座 B 右侧
剪力 V/kN	147.67	-234.51	205.98
h_0/mm	605	565	565
$\dfrac{h_w}{b}$	2.1<4（T 形）	2.26<4（矩形）	2.26<4（矩形）
$0.25\beta_c f_c b h_0$　/kN	449.97>V	420.22>V	420.22>V

续表

截面位置	边支座 A	中间支座 B 左侧	中间支座 B 右侧
$V_c = 0.7 f_t b h_0$ /kN	134.46＜V 按计算配箍	125.57＜V 按计算配箍	125.57＜V 按计算配箍
选用箍筋肢数、直径	双肢Φ8		
$A_{sv} = n A_{sv1}$ /mm²	$2 \times 50.3 = 100.6$		
$s \leqslant \dfrac{f_{yv} A_{sv} h_0}{V - 0.7 f_t b h_0}$ /mm	1659	188	254
箍筋最大间距 s_{max}/mm	250		
实配箍筋间距 s/mm	180＜250		
配箍率 $\rho_{sv} = \dfrac{A_{sv}}{bs}$	$\dfrac{100.6}{250 \times 160} = 0.25\%$		
$\rho_{sv,min} = \dfrac{0.24 f_t}{f_{yv}}$	$\dfrac{0.24 \times 1.27}{360} = 0.08\% ＜ 0.25\%$ 满足最小配箍率要求		

4. 主梁配筋图

支座处上部受力钢筋中第一批被截断钢筋的延伸长度从支座边缘算起不小于 $l_n/4$；第二批被截断钢筋的延伸长度不小于 $l_n/3$。边支座构造上部纵筋的构造要求同次梁。钢筋截断应确保主梁的抵抗弯矩图能包裹弯矩包络图，以满足斜截面抗弯承载力的要求。位于主梁下部的纵向钢筋应全部伸入支座，不得在跨间截断。下部纵筋伸入边支座和中间支座的锚固长度需要根据支座处下部钢筋的受力情况来确定，具体锚固要求如图 1-18 所示。主梁配筋如图 1-19 所示。

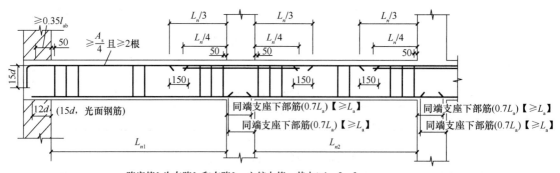

图 1-18　主梁配筋构造

说明：中间支座下部钢筋伸入支座长度表示当支座处不利用下部钢筋的抗拉强度及抗压强度时的取值；

（）中表示当支座处利用下部钢筋的抗拉强度时的取值；

【】中表示当支座处利用下部钢筋的抗压强度时的取值。

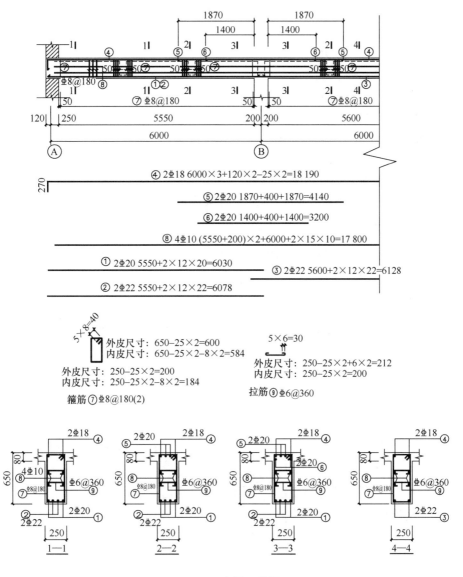

图 1-19　主梁配筋图

5. 构造配筋

1）附加横向钢筋

次梁与主梁相交处，在主梁高度范围内受到次梁传来的集中荷载的作用。次梁顶部在负弯矩作用下将产生裂缝，如图 1-20（a）所示。因次梁传来的集中荷载将通过其受压区的剪切面传至主梁截面高度的中、下部，使其下部混凝土可能产生斜裂缝［见图 1-20（b）］，最后被拉脱而发生局部破坏。因此，为保证主梁在这些部位有足够的承载力，位于梁下部或梁截面高度范围内的集中荷载应全部由附加横向钢筋（箍筋、吊筋）承担，如图 1-21、1-22 所示，附加横向钢筋宜优先采用附加箍筋，箍筋应布置在长度为 $s = 2h_1 + 3b$ 的范围内。当采用吊筋时，其弯起段应伸至梁上边缘，且末端水平段长度在受拉区不应小于 $20d$，在受压区不应小于 $10d$，d 为吊筋的直径。

附加横向钢筋所需的总截面面积应符合下式：

$$F \leqslant 2f_y A_{sb} \sin\alpha_s + mnA_{sv1} f_{yv}$$

式中：F——由次梁传来的集中荷载设计值。

f_y——附加吊筋的抗拉强度设计值。

f_{yv}——附加箍筋的抗拉强度设计值。

A_{sb}——附加吊筋的截面面积。

A_{sv1}——单肢附加箍筋的截面面积。

m——附加箍筋的道数。

n——在同一截面内附加箍筋的肢数。

α_s——附加吊筋与梁轴线间的夹角。当梁高 $h \leqslant 800\text{mm}$ 时，采用 $45°$；当梁高 $h > 800\text{ mm}$ 时，采用 $60°$。

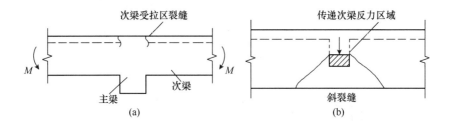

图 1-20　主梁与次梁相交处的裂缝形态

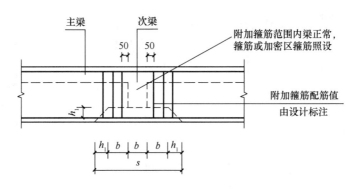

图 1-21　主梁与次梁相交处附加箍筋

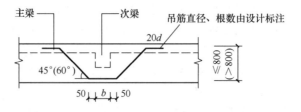

图 1-22　主梁与次梁相交处附加吊筋

如果集中荷载全部由附加吊筋承受,则

$$A_{sb} \geqslant \frac{F}{2f_y \sin\alpha_s}$$

如果集中荷载全部由附加箍筋承受,则

$$m \leqslant \frac{F}{nf_{yv}A_{sv1}}$$

本设计由于次梁传递给主梁的全部集中荷载设计值为:

$$F = \gamma_G G_k + \gamma_Q Q_k = (1.2 \times 50.36 + 1.3 \times 85.8)\text{kN} = 171.97 \text{ kN}$$

优先采用只设置附加箍筋的方案(选用双肢Φ8钢筋):

$$F \leqslant mnf_{yv}A_{sv1}$$

$$m \geqslant \frac{F}{nf_{yv}} = \frac{171.97 \times 10^3}{2 \times 360 \times 50.3} = 4.7$$

取 $m = 6$,即在主梁内次梁两侧每边各放置 3 道间距为 50 mm 的双肢Φ8附加箍筋。

附加箍筋的配置范围:

$$3b + 2h_1 = [3 \times 200 + 2 \times (605 - 500)]\text{mm} = 810 \text{ mm}$$

实设附加箍筋的范围:

$$b + m \times 50 = (200 + 6 \times 50)\text{mm} = 500 \text{ mm} < 810 \text{ mm}$$

故该方案可行。

2)梁侧纵向构造钢筋

当梁的腹板高度 $h_w \geqslant 450$ mm 时,为防止梁太高时由于混凝土收缩和温度变形在梁侧产生竖向裂缝,同时也为了加强钢筋骨架的刚度,在梁的两侧应沿梁高设置直径不小于10 mm 纵向构造钢筋(腰筋),如图 1-23 所示。每侧纵向构造钢筋(不包括梁上、下部受力钢筋及架立钢筋)的截面面积不应小于腹板面积 bh_w 的 0.1%,梁腹板高度计算如图 1-24 所示,梁侧面纵向构造钢筋间距 a 不宜大于 200 mm,其搭接与锚固长度可取为 $15d$。如果梁侧已配有受扭纵筋,受扭纵筋可以代替梁侧构造钢筋,不必重复设置梁侧构造钢筋。

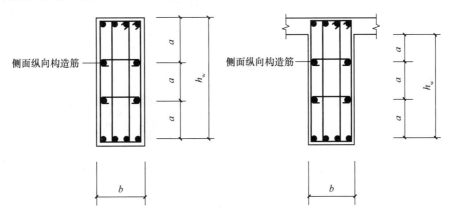

图 1-23　梁侧纵向构造筋和拉筋的标准构造详图

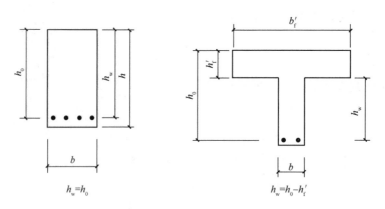

图 1-24 腹板高度计算

由于本设计主梁的腹板高度 $h_w = h_0 - h'_f = (605 - 80)\,\text{mm} = 525\,\text{mm} > 450\,\text{mm}$，故按构造需要设置梁侧构造筋。

每侧构造筋面积：

$$A_s \geq 0.1\% bh_w = (0.1\% \times 250 \times 525)\,\text{mm}^2 = 131\,\text{mm}^2$$

按构造要求，梁侧构造筋的间距不宜大于 200 mm，每侧构造筋根数为 $(525/200-1)$ 根 $\approx$ 2 根，故主梁每侧需设置 $2\Phi10(A_s = 157\,\text{mm}^2)$ 的梁侧构造筋，并采用拉筋可靠拉结。

3）拉筋

梁侧纵向构造筋必须采用拉筋可靠拉结，当梁宽不大于 350 mm 时，拉筋直径为 6 mm；当梁宽大于 350 mm 时，拉筋直径为 8 mm；拉筋间距为非加密区箍筋间距的 2 倍；当设有多排拉筋时，上、下两排拉筋竖向错开设置，如图 1-25 所示。拉筋的弯钩长度要求如图 1-26 所示。

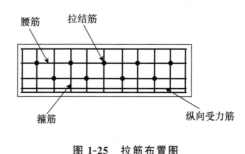

图 1-25 拉筋布置图

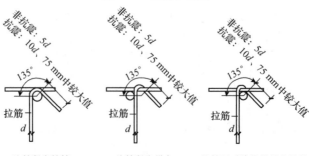

图 1-26 拉筋弯钩构造

注：非抗震设计时，若构件受扭或柱中全部纵向受力钢筋的配筋率
大于 3%，箍筋及拉筋弯钩平直段长应为 $10d$。

由于本设计主梁梁宽 $b=250$ mm<350 mm，按构造要求，拉筋直径取 6 mm，其间距取箍筋间距（$s=180$ mm）的两倍，故拉筋采用Φ6@360。

六、混凝土结构平法施工图识读基础知识

建筑结构施工图平面整体设计方法，通常简称为"平法"，是我国目前通行的混凝土结构施工图设计表示方法。平法对我国传统的混凝土结构施工图设计表示方法做了重大改革，它统一并简化了施工图表示方法，减轻了设计者的工作负担，但对施工作业人员识读混凝土结构平法施工图的能力提出了更高的要求。本小节是依据国家建筑标准设计图集《混凝土结构施工图平面整体表示方法制图规则和构造详图（现浇混凝土框架、剪力墙、梁、板）》（11G101-1）编写的。

1. 一般规定

（1）按平法设计绘制的施工图，一般由各类结构构件的平法施工图和标准构造详图两大部分构成，但对于复杂的工业与民用建筑，还需增加模板、开洞和预埋件等平面图。只有在特殊情况下，才需增加剖面配筋图。

（2）按平法设计绘制结构施工图时，必须根据具体工程设计，按照各类构件的平法制图规则，在按结构层绘制的平面布置图上直接表示各构件的尺寸、配筋和所选用的标准构造详图。

（3）在平面布置图上表示各构件尺寸和配筋的方式，分为平面注写方式、列表注写方式和截面注写方式三种。

（4）在平法施工图上，应将所有构件进行编号，编号中含有类型代号和序号等。其中，类型代号应与标准构造详图上所注类型代号一致，使两者结合构成完整的结构设计图。

（5）在平法施工图上，应当用表格或其他方式注明各结构层楼（地）面标高、结构层高及相应的结构层号。

（6）为了确保施工人员准确无误地按平法施工图进行施工，在具体工程的结构设计总说明中必须注明所选用平法标准图的图集号、结构使用年限、设防烈度及结构抗震等级等与平法施工图密切相关的内容。

（7）对受力钢筋的混凝土保护层厚度、钢筋搭接和锚固长度，除在结构施工图中另有注明外，均须按图集中的有关构造规定执行。

2. 梁平法施工图

（1）梁平法施工图是在梁平面布置图上采用平面注写方式或截面注写方式表达。

（2）对于轴线未居中的梁应标注其偏心定位尺寸（贴柱边的梁可不注）。

（3）平面标注方式是分别在梁平面布置图上不同编号的梁中各选一根梁，在其上注写截面尺寸和配筋具体数值的表达方式，如图 1-27 所示。

（4）平面注写包括集中标注与原位标注。集中标注表达梁的通用数值，原位标注表达梁的特殊数值。当集中标注中的某项数值不适用于梁的某部位时，则将该项数值原位标注。施工时，原位标注取值优先。

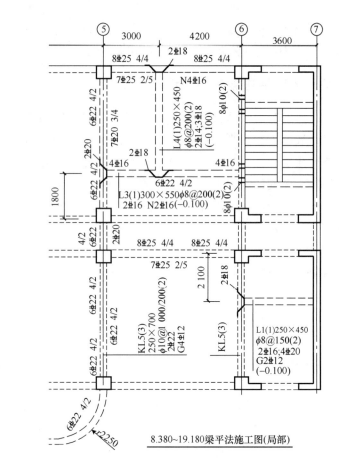

图 1-27　梁平法施工图平面标注方式

（5）梁集中标注可以从梁的任意一跨引出，集中标注的内容有五项必注值（梁编号、梁截面尺寸、梁箍筋、梁上部通长筋或架立筋、梁侧面纵向构造钢筋或受扭钢筋）和一项选注值（梁顶面标高高差），如图 1-28 所示。

集中标注：

| KL2(2A)　　300×650 |
| ①梁编号　②梁截面尺寸 |
| Φ8@100/200(2) |
| ③梁箍筋 |
| 3Φ22;3Φ20 |
| ④梁上部、下部通长筋或架立筋设置 |
| G4Φ10 |
| ⑤梁侧面纵向构造钢筋或受扭钢筋配置 |
| (-0.100) |
| ⑥梁顶面标高高差 |

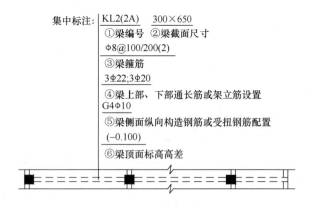

图 1-28　梁集中标注示意图

①梁编号为必注值，由梁类型代号、序号、跨数及有无悬挑代号组成，见表 1-10。

例：KL2(2A)表示第 2 号框架梁，两跨，一端有悬挑（A 为一端悬挑，B 为两端悬挑）。

表 1-10 梁编号

梁类型	代号	序号	跨数及是否带有悬挑
楼层框架梁	KL	用数字序号表示顺序号	(××):括号内数字表示跨数,端部无悬挑
屋面框架梁	WKL		(××A):括号内数字表示跨数,一端有悬挑
非框架梁	L		(××B):括号内数字表示跨数,两端有悬挑
井字梁	JZL		注:悬挑不计入跨数
框支梁	KZL		
悬挑梁	XL		××

②梁截面尺寸为必注值,用 $b×h$ 表示;当为加腋梁时,用 $b×h、yc_1×c_2$ 表示,其中 c_1 为腋长,c_2 为腋高;当有悬挑梁且根部和端部的高度不同时,用斜线分隔根部与端部的高度值,即为 $b×h_1/h_2$。

例:图 1-29 中表示悬挑梁的根部截面高度为 700 mm,端部截面高度为 500 mm。

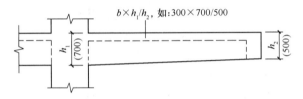

图 1-29 悬挑梁不等高截面注写

③梁箍筋为必注值,包括钢筋级别、直径、加密区与非加密区间距及肢数。箍筋加密区与非加密区的不同间距及肢数需用斜线"/"分隔,箍筋肢数应写在括号内。

例:$\phi 8@100/200(2)$ 表示箍筋为 HPB300 级钢筋,直径为 8 mm,加密区间距为 100 mm,非加密区间距为 200 mm,均为双肢箍(双肢箍如图 1-30 所示)。

对非抗震结构中的各类梁,采用不同的箍筋间距及肢数时,也可用斜线"/"隔开,先注写支座端部的箍筋,在斜线后注写梁跨中部的箍筋。

例1:$13\phi 10@150/200(4)$,表示箍筋为 HPB300 钢筋,直径为 10 mm;梁的两端各有 13 个四肢箍(四肢箍如图 1-31 所示),间距为 150 mm;梁跨中部分间距为 200 mm,非抗震梁不同箍筋间距示意如图 1-32 所示。

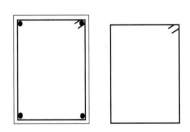
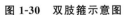

图 1-30 双肢箍示意图

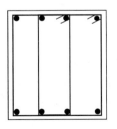
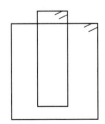

图 1-31 四肢箍示意图

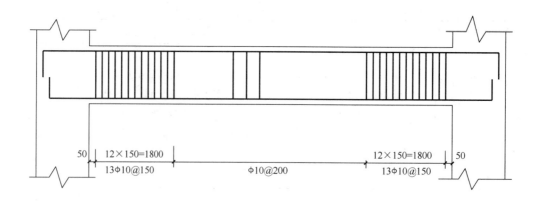

图 1-32　非抗震梁不同箍筋间距示意图

例 2：18 Φ12@150(4)/200(2)表示箍筋为 HPB300 钢筋，直径为 12 mm；梁的两端各有 18 个四肢箍，间距为 150 mm；梁跨中部分，间距为 200 mm，双肢箍。

④梁上部通长筋或架立筋为必注值，所注规格与根数应根据结构受力要求及箍筋肢数等构造要求而定。当同排钢筋中既有贯通筋又有架立筋时，应用加号"＋"将贯通筋和架立筋相连。注写时须将角部纵筋写在加号的前面，架立筋写在加号后面的括号内，以示不同直径及与通长筋的区别。

例：2 Φ 22＋(4 Φ 12)用于六肢箍，其中 2 Φ 22 为贯通筋，4 Φ 12 为架立筋。

当梁的上部纵筋和下部纵筋为全跨相同，且多数跨配筋相同时，此项可加注下部钢筋的配筋值，用分号"；"隔开。

例：3 Φ 22；3 Φ 20 表示梁的上部配置 3 Φ 22 的贯通筋，梁的下部配置 3 Φ 20 的贯通筋。

⑤梁侧面纵向构造钢筋或受扭钢筋配置为必注值。

当梁腹板高度 $h_w \geqslant 450$ mm 时，需配置纵向构造钢筋，此项注写值以大写字母 G 打头，且对称配置。

当梁侧面需配置受扭纵向钢筋时，此项注写值以大写字母 N 打头，且对称配置。

例：N6 Φ 22 表示梁的两个侧面共配置 6 Φ 22 的受扭纵向钢筋，每侧各配置 3 Φ 22。

注：1. 梁侧面构造纵筋的搭接与锚固长度可取为 15 d。

2. 梁侧面受扭纵筋的搭接长度为 l_1 或 l_{1E}（抗震），其锚固长度为 l_a 或 l_{aE}（抗震），锚固方式同框架梁下部纵筋。

⑥梁顶面标高高差为选注值。

梁顶面标高的高差是指相对于结构层楼面标高的高差值。有高差时，须将其写入括号内，无高差时不注。

(6)梁原位标注的内容规定如下：

①梁支座上部纵筋含通长筋在内的所有纵筋，当上部纵筋多于一排时，用斜线"/"将各排纵筋自上而下分开；当同排纵筋有两种直径时，用加号"＋"将两种直径的纵筋相连；当梁中间支座两边的上部纵筋不同时，须在支座两边分别标注；当梁中间支座两边的上部纵筋相同时，可仅在支座一边标注配筋值，另一边省去不注。

②梁下部纵筋多于一排时，用斜线"/"隔开；当同排纵筋有两种直径时，用加号"＋"并连；当梁下部纵筋不全部伸入支座时，将梁支座下部纵筋减少的数量写在括号内。

例:2 ⫶ 25＋3 ⫶ 22(－3)/5 ⫶ 25。

③当梁某跨侧面布置有抗扭纵筋时,须在该跨的适当位置标注抗扭纵筋的总配筋值,并在其前面加"＊"号。

④附加箍筋或吊筋,将其直接画在平面图中的主梁上,用线引注总配筋值,如图 1-33 所示。

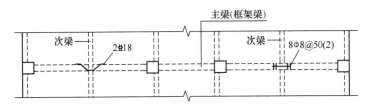

图 1-33 附加箍筋和附加吊筋示意

⑤当在梁上集中标注的内容不适用于某跨或某悬挑部分时,将其不同数值原位标注在该跨或该悬挑部位,施工时按原位标注数值取用。

(7)截面注写方式是在分标准层绘制的梁平面布置图上,分别在不同编号的梁中各选择一根梁用剖面号引出配筋图,并在其上注写截面尺寸和配筋具体数值的方式,如图 1-34 所示。

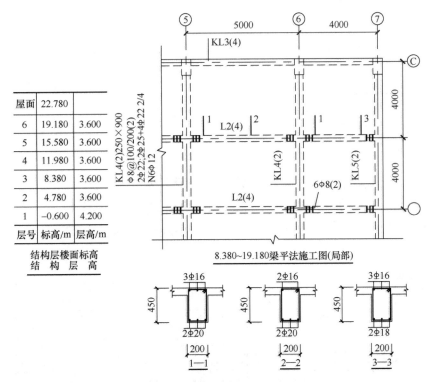

图 1-34 梁平法施工图截面注写方式

①对所有梁进行编号,从相同编号的梁中选择一根梁,先将"单边截面号"画在该梁上,再将截面配筋详图画在本图或其他图上。当某梁的顶面标高与结构层的楼面标高不同时,

还应继其梁编号后注写梁顶面标高高差(注写规定与平面注写方式相同)。

②在截面配筋详图上注写截面尺寸 $b \times h$、上部筋、下部筋、侧面构造筋或受扭筋,以及箍筋的具体数值时,其表达形式与平面注写方式相同。

③截面注写方式既可以单独使用,也可与平面注写方式结合使用。

注:在梁平法施工图的平面图中,当局部区域的梁布置过密时,除了采用截面注写方式表达外,也可将过密区用虚线框出,适当放大比例后再用平面注写方式表示。当表达异形截面梁的尺寸与配筋时,用截面注写方式比较方便。

3. 柱平法施工图

(1)柱平法施工图是在柱平面布置图上采用列表注写方式或截面注写方式表达。

(2)列表注写方式,是在柱平面布置图上,分别在同一编号的柱中选择一个(有时需要选择几个)截面标准几何参数代号在柱表中注写柱号、柱段起止标高、几何尺寸(含柱截面对轴线的偏心情况)与配筋的具体数值,并配以各种柱截面形状及其箍筋类型图,如图 1-35 所示。

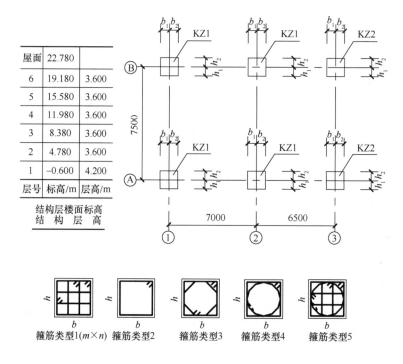

柱表

柱号	标高	$b \times h$ (圆柱直径D)	b_1	b_2	h_1	h_2	全部纵筋	角筋	b边一侧中部筋	h边一侧中部筋	箍筋类型号	箍筋
KZ1	-0.600~11.980	500×500	250	250	250	250		4Φ25	2Φ22	2Φ22	1(4×4)	Φ8@100/200
	11.980~22.780	500×500	250	250	250	250		4Φ22	2Φ20	2Φ22	1(4×4)	Φ8@100/200
KZ2	-0.600~11.980	500×500	250	250	250	250	12Φ25				1(4×4)	Φ8@100/200
	11.980~22.780	500×500	250	250	250	250	12Φ22				1(4×4)	Φ8@100/200

−0.600~22.780柱平法施工图(局部)

图 1-35 柱平法施工图列表注写方式

注写柱纵筋,分角筋、截面 b 边中部筋和 h 边中部筋(对于采用对称配筋的矩形截面柱,可仅注写一侧中部筋)。当为圆柱时,表中角筋一栏注写圆柱的全部纵筋。

注写箍筋类型号及箍筋肢数、箍筋级别、直径和间距等,当为抗震设计时,用斜线"/"区分柱端箍筋加密区与柱身非加密区长度范围内箍筋的不同间距。

具体工程所设计的各种箍筋类型图及箍筋复合的具体方式,须画在表的上部或图中的适当位置,并在其上标注与表中相对应的 b、h 和编上类型号。

(3)截面注写方式,是在柱平面布置图的柱截面上,分别在同一编号的柱中选择一个截面,原位放大,直接注写截面尺寸 $b×h$、角筋或全部纵筋、箍筋具体数值,以及在柱截面配筋图上标注柱截面与轴线关系的具体数值,如图 1-36 所示。

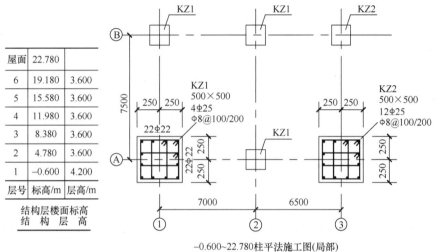

图 1-36 柱平法施工图截面注写方式

当纵筋采用两种直径时,须再注写截面各边中部筋的具体数值(对于采用对称配筋的矩形截面柱,可仅在一侧注写中部筋)。

(4)柱编号由类型代号和序号组成,见表 1-11。

表 1-11 柱编号

柱类型	代号	序号
框架柱	KZ	XX
框支柱	KZZ	XX
芯柱	XZ	XX
梁上柱	LZ	XX
剪力墙上柱	QZ	XX

4. 剪力墙平法施工图

(1)剪力墙平法施工图是在剪力墙平面布置图上采用列表注写方式或截面注写方式表达。

(2)采用列表注写方式,分别在剪力墙柱表、剪力墙身表和剪力墙梁表中,对应于剪力墙平面布置图上的编号,用绘制截面配筋图并注写几何尺寸与配筋具体数值的方式来表达剪力墙平法施工图,如图 1-37～图 1-40 所示。

(3)剪力墙柱表中应表达的内容:

①注写墙柱编号和绘制墙柱的截面配筋图,并标注几何尺寸。几何尺寸注写要求同截面注写方式。

②注写各段墙柱起止标高。自墙柱根部往上以变截面位置或截面未变但配筋改变处为界分段注写。

③注写各段墙柱纵向钢筋和箍筋,注写值应与在表中绘制的截面配筋图对应一致。纵向钢筋注写总配筋值,箍筋的注写方式同框架柱。

(4)剪力墙身表中应表达的内容:

①注写墙柱编号(含水平与竖向分布钢筋的排数)。

②注写各段墙身起止标高。自墙柱根部往上以变截面位置或截面未变但配筋改变处为界分段注写。

③注写水平分布筋、竖向分布筋和拉筋的钢筋种类、直径与间距。

(5)剪力墙梁表中应表达的内容:

①注写墙梁编号。

②注写墙梁所在楼层号。

③注写墙梁顶面标高高差,高于所在结构层楼面标高为正值,低于标高时为负值,当无高差时不注。

④注写墙梁截面尺寸 $b \times h$、上部纵筋、下部纵筋和箍筋的具体数值。

⑤当连梁设有斜向交叉暗撑时,注写一根暗撑的全部钢筋,并标注"×2"表明有两根暗撑相互交叉,以及箍筋的具体数值。

⑥当连梁设有斜向交叉钢筋时,注写一道斜向钢筋的配筋值,并标注"×2"表明有两道斜向钢筋相互交叉。

电梯机房顶层	44.760	
电梯机房	43.560	1.200
屋顶层	41.760	1.800
13	38.760	3.000
12	35.760	3.000
11	32.760	3.000
10	29.760	3.000
9	26.760	3.000
8	23.760	3.000
7	20.760	3.000
6	17.760	3.000
5	14.760	3.000
4	11.760	3.000
3	8.760	3.000
2	5.760	3.000
1	2.760	3.000
架空层	−0.600	3.360
地下室	基础承台顶面	按实际
层号	层面标高/m	梁、板层高/m

结构层楼面标高
结构层高

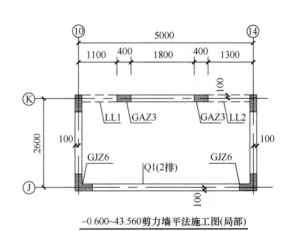

−0.600～43.560剪力墙平法施工图(局部)

图 1-37 剪力墙平法施工图列表注写方式

剪力墙						
编号	所在楼层标高	相对标高高差	梁截面(b×h)	上部纵筋	下部纵筋	箍筋
LL1	−0.600	+0.550	300×600	4⊈22 2/2	4⊈22 2/2	Φ10@100(2)
	2.760~14.760		250×600	4⊈22 2/2	4⊈22 2/2	Φ10@100(2)
	17.760~23.760	−0.300	200×600	2⊈22	2⊈22	Φ8@100(2)
	26.760~43.560		200×600	2⊈22	2⊈22	Φ8@100(2)
LL2	−0.600	+0.550	250×2350	4⊈25 2/2	4⊈25 2/2	Φ10@100(2)
	2.760		200×560	4⊈25 2/2	4⊈25 2/2	Φ10@100(2)
	5.760~14.760		200×800	4⊈22 2/2	4⊈22 2/2	Φ10@100(2)
	17.760~41.760		200×800	2⊈22	2⊈22	Φ10@100(2)
	43.560		200×600	2⊈22	2⊈22	Φ10@100(2)

图 1-38 剪力墙平法施工图列表注写方式

剪力墙身表					
编号	标高	墙厚	水平分布筋	垂直分布筋	拉筋
Q1	−0.600~8.760	300	Φ10@150	Φ12@150	Φ6@600×600
	8.760~43.560	200	Φ8@150	Φ10@150	Φ6@600×600

图 1-39 剪力墙平法施工图列表注写方式

剪力墙柱表

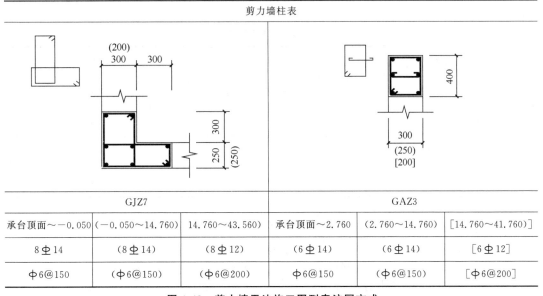

GJZ7			GAZ3		
承台顶面~−0.050	(−0.050~14.760)	14.760~43.560)	承台顶面~2.760	(2.760~14.760)	[14.760~41.760)
8⊈14	(8⊈14)	(8⊈12)	(6⊈14)	(6⊈14)	[6⊈12]
Φ6@150	(Φ6@150)	(Φ6@200)	Φ6@150	(Φ6@150)	[Φ6@200]

图 1-40 剪力墙平法施工图列表注写方式

（6）采用截面注写方式是在分标准层绘制的剪力墙平面布置图上，以直接在墙柱、墙身和墙梁上注写截面尺寸和配筋具体数值的方式来表达剪力墙平法施工图，如图 1-41 所示。

（7）截面注写方式应对所有墙柱、墙身和墙梁进行编号，并分别在相同编号的墙柱、墙身和墙梁中选择一个进行注写。

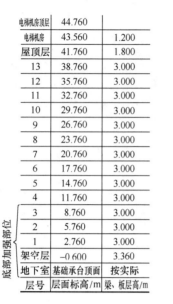

层号	层面标高/m	梁、板层高/m
电梯机房顶层	44.760	
电梯机房	43.560	1.200
屋顶层	41.760	1.800
13	38.760	3.000
12	35.760	3.000
11	32.760	3.000
10	29.760	3.000
9	26.760	3.000
8	23.760	3.000
7	20.760	3.000
6	17.760	3.000
5	14.760	3.000
4	11.760	3.000
3	8.760	3.000
2	5.760	3.000
1	2.760	3.000
架空层	-0.600	3.360
地下室	基础承台顶面	按实际

结构层楼面标高
结 构 层 高

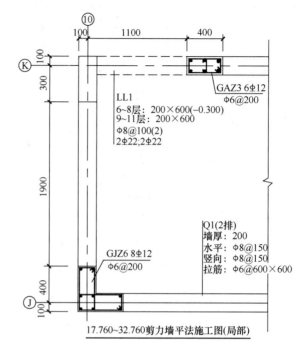

17.760~32.760剪力墙平法施工图(局部)

图 1-41 剪力墙平法施工图截面注写方式

(8)墙柱编号由墙柱类型代号和序号组成,见表1-12。墙梁编号由墙梁类型代号和序号组成,见表1-13。

表 1-12 墙柱编号

墙柱类型	代号	序号
约束边缘构件	YBZ	XX
构造边缘构件	GBZ	XX
非边缘暗柱	AZ	XX
扶壁柱	FBZ	XX

表 1-13 墙梁编号

墙梁类型	代号	序号
连梁(无交叉暗撑及无交叉钢筋)	LL	XX
连梁(有交叉暗撑)	LL(JC)	XX
连梁(有交叉钢筋)	LL(JG)	XX
暗梁	AL	XX
边框梁	BKL	XX

5. 绘制梁的平法施工图

梁平法施工图如图 1-42 所示。

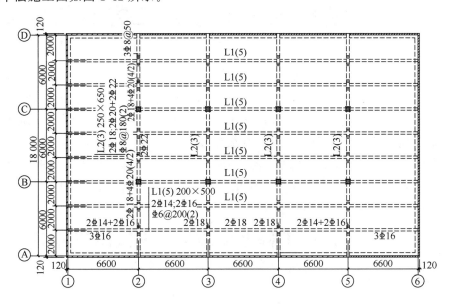

图 1-42 梁平法施工图

第二部分　模板工程专项施工方案编制实训

中华人民共和国住房和城乡建设部于 2009 年 5 月 13 日发布了《危险性较大的分部分项工程安全管理办法》,该办法要求施工单位应当在危险性较大的分部分项工程施工前编制专项施工方案,专项施工方案编制应当包括计算书及相关图纸;对于超过一定规模的危险性较大的分部分项工程,施工单位应当组织专家对专项施工方案进行论证。

本部分主要介绍一个模板工程专项施工方案编制案例,并提供一个实训项目,即模板工程专项施工方案编制实训。本部分的目的是通过学中做、做中学,使学生在学习期间能够进行贴近将来岗位工作的技能训练。

第一节　模板工程专项施工方案编制任务书

一、设计题目

某现浇钢筋混凝土小型仓库,其结构平面布置如图 2-1 所示,工程结构情况详见说明。现要求编制该项目模板工程的专项施工方案。

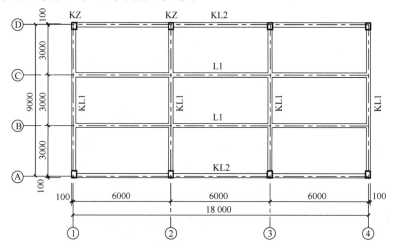

图 2-1　某仓库结构平面布置图 1∶100

结构说明:

(1)图 2-1 中除注明外,轴线均对梁中;除标高以 m 为单位外,其余均以 mm 为单位。

(2)板厚均为 80 mm,板面标高为 4.470 m,梁面标高同板面标高。

(3)图中各构件的截面尺寸如下:

$$
\begin{aligned}
&\text{KZ} \quad 300 \text{ mm} \times 400 \text{ mm} \\
&\text{KL1} \quad 250 \text{ mm} \times 900 \text{ mm} \\
&\text{KL2} \quad 250 \text{ mm} \times 600 \text{ mm} \\
&\text{L1} \quad 250 \text{ mm} \times 600 \text{ mm}
\end{aligned}
$$

(4)柱、梁、板混凝土强度等级均为 C25。

(5)室内外高差为 0.2 m,室外地坪至柱下独立基础顶面的距离为 800 mm。

(6)地梁顶标高为 -0.1 m。

二、设计条件

梁、板、柱模板体系均采用 1830 mm×915 mm×18 mm 的木胶合板制作而成,除小楞等采用枋木外,其余均采用 ϕ48 mm×3.5 mm 钢管。详细材料选择参考本部分第二节。

三、时间安排和实训地点

本模板工程专项施工方案的编制实训时间为两周,具体工作进程和时间控制详见表 2-1,地点在本班教室。

表 2-1 钢筋混凝土工程模板设计进度计划

第一周	星期一	星期二	星期三	星期四	星期五
	讲授任务书及相关内容	柱、板的计算	梁的计算	整理计算书	模板工程专项施工方案
第二周	星期一	星期二	星期三	星期四	星期五
	结构平面布置图	纵、横向剖面图	节点大样图	整理	提交设计成果

四、实训成果

1. 模板工程专项施工方案

模板工程专项施工方案的大致内容包括:

(1)模板工程专项施工方案封面、目录。

(2)编制依据。

(3)工程概况。

(4)模板方案选择。

(5)模板的材料选择。

(6)模板安装,包括:模板安装的一般要求;模板组拼;模板定位;模板支设。

(7)模板拆除。

(8)模板技术措施,包括:进场模板质量标准;模板安装质量要求;其他注意事项;脱模剂及模板堆放、维修。

(9)安全、环保文明施工措施。

(10)模板计算书,包括:柱模板、梁模板(含扣件钢管架)、板模板(含扣件钢管架)的设计计算。

2. 计算书 1 本(用 A4 纸抄写)

计算书的内容包括:

(1)模板设计计算书封面、目录。

(2)设计资料。

(3)模板体系中各构件的设计计算过程。

3. 绘出 A2 白纸铅笔模板配模施工图 1 张

施工图绘制内容包括:

(1)模板体系结构平面布置图。

(2)模板体系纵向剖面图。

(3)模板体系横向剖面图。

(4)模板体系节点详图。

(5)相应的施工说明。

五、参考资料

(1)《建筑施工模板安全技术规范》(JGJ 162—2008)。

(2)《建筑施工扣件式钢管脚手架安全技术规范》(JGJ 130—2011)。

(3)广西壮族自治区地方标准《建筑施工模板及作业平台钢管支架构造安全技术规范》(DB 45/T 618—2009)。

(4)浙江省工程建设标准《建筑施工扣件式钢管模板支架技术规程》(DB 33/1035—2006)。

(5)上海市工程建设规范《钢管扣件水平模板的支撑系统安全技术规程》(DG/TJ 08—20016—2004)。

(6)《建筑施工手册》(第五版,中国建筑工业出版社)。

(7)《混凝土结构工程施工质量验收规范》(GB 50204—2015)。

(8)《建筑结构荷载规范》(GB 50009—2012)。

(9)《建筑结构可靠度设计统一标准》(GB 50068—2001)。

(10)《建筑地基基础设计规范》(GB 50007—2011)。

(11)《钢结构设计规范》(GB 50017—2003)。

(12)《冷弯薄壁型钢结构技术规范》(GB 50018—2002)。

(13)《钢框胶合板模板技术规程》(JGJ 96—2011)。

(14)《混凝土模板用胶合板》(GB/T 17656—2008)。

注:在校学生亦可参考各校的自选教材《建筑施工技术》、《材料力学》和《混凝土结构》。

第二节　模板工程专项施工方案编制指导书

一、模板设计实训教学的目的

通过对现浇钢筋混凝土框架结构的模板及其支架体系设计和模板工程专项施工方案的编制,使学生重点掌握模板体系设计的基本原理和基本方法,并进一步了解模板及其支架体系在施工准备、安装、验收、使用、拆除等一系列过程中的构造要求及相关规范的要求。

二、模板工程设计步骤

(1)根据工程的结构施工图、各种构件参数参考表(见表 2-2),以及第三部分中关于模板支架的构造要求,对现浇钢筋混凝土结构进行模板体系结构布置,并绘制草图。

表 2-2　各种构件参数参考表

序号	构件名称	构件参数
1	梁底模	18 mm 厚木胶合板,计算跨度 300～500 mm
2	梁侧模	18 mm 厚木胶合板,计算跨度一般同梁底模或成倍数

续表

序号	构件名称	构件参数
3	楼板底模	18 mm 厚木胶合板,计算跨度 400~600 mm
4	楞木	长度 1500 mm,截面尺寸 60 mm×90 mm(或 60 mm×120 mm)枋木,计算跨度 800~1200 mm
5	钢管大楞(杠管)	ϕ48 mm×3.5 mm 钢管;计算跨度 800~1400 mm
6	立杆	ϕ48 mm×3.5 mm 钢管;水平杆最大步高不大于 1800 mm(1600 mm);间距 800~1400 mm
7	立挡	60 mm×90 mm(或 60 mm×120 mm)枋木,长度 1500 mm,横向间距 300~500 mm,计算跨度600~1000 mm
8	斜撑	60 mm×90 mm(或 60 mm×120 mm)枋木,与立挡成 45°~60°夹角
9	夹木	截面(50 mm×50 mm)~(50 mm×70 mm)
10	托木	截面(50 mm×70 mm)~(50 mm×100 mm)
11	垫板	宽度不小于 200 mm;厚度不小于 50 mm
12	柱模板面板	18 mm 厚木胶合板;当设有竖楞时,柱模面板计算跨度 150~400 mm
13	竖楞	截面尺寸 60 mm×90 mm(或 60 mm×120 mm)枋木;计算跨度300~600 mm

注:1. 本表适用于梁、板、柱及墙模板体系均采用 1830 mm×915 mm×18 mm 的木胶合板制作而成,除小楞等采用枋木外,其余均采用 ϕ48 mm×3.5 mm 钢管的模板工程;

　　2. 表中钢管大楞计算跨度的上限 1400 mm,水平杆最大步高的上限 1600 mm 和立杆最大间距的上限 1400 mm 均系《DB 45/T 618 规范》的规定;

　　3. 以上参数仅供参考,具体布置以计算结果结合构造要求及工程实践经验为准,宜可采用 Excel 进行多次试算。

(2)对各种结构部位(如柱、墙、梁、板)的模板面板及其支撑体系主要受力构件进行设计计算。具体内容如下:

①柱模板的设计计算:包括柱模板面板、竖楞枋木、柱箍和对拉螺栓等受力构件的设计计算。

②墙模板的设计计算:包括墙模板面板、竖楞枋木、外楞钢管和对拉螺栓等受力构件的设计计算。

③梁模板的设计计算:包括梁底模、小楞(亦称之为枋木、楞木、小梁、次楞、次梁)、钢管大楞(亦称之为杠管、主楞、主梁)、扣件抗滑、立杆(亦称之为钢管顶撑、立柱)、侧模、立挡、外楞钢管和对拉螺栓等受力构件的设计计算。

④板模板的设计计算:包括板底模板、楞木、钢管大楞、扣件抗滑和立杆等受力构件的设计计算。

注:1. 由于柱、墙、梁和板的模板均将各自所承受的荷载传递给各自的支撑体系,故在此不再像混凝土结构一样本身要考虑将板的荷载传给梁,梁的荷载传给柱或墙,而是先计算柱、墙的模板或先计算梁、板的模板均可,但考虑到先施工的放在前面,后施工的放在后面,所以一般是将柱、墙的模板设计计算放在前面;

　　2. 对于结构某个部位的模板设计计算,比如梁的模板,其计算内容应为荷载传递路径上的主要受力构件,计算顺序即为荷载传递的顺序。

(3)主要受力构件的设计计算过程:

①根据表 2-2,假定(或选择)主要受力构件的截面尺寸。

注:可根据表 2-2 中梁底模的计算跨度来确定梁底模小楞的布置间距,其他依次类推。

②结合步骤①中模板体系的结构布置和表 2-2,分析各主要受力构件的结构模式,对实际结构进行简化。

注:对实际结构进行简化应包括三方面的内容:a. 对支承条件的简化;b. 对计算跨度的简化;c. 跨数的简化。

③根据表 2-3~表 2-6 所提供的荷载及荷载组合,对各主要受力构件进行荷载分析,并绘出计算简图。

注:对荷载分析应包括三方面的内容:a. 荷载的形式;b. 荷载的作用位置;c. 荷载大小。

④根据相应的计算简图,可通过查附录 B 对各主要受力构件进行内力计算。

⑤对各主要受力构件进行强度、刚度及稳定性验算。

(4)若主要受力构件不满足强度、刚度及稳定性的要求,重复上述步骤,直至取得良好的模板结构体系布置及合理的主要受力构件的截面尺寸。

注:1. 模板的设计计算其实是一个多次试算的过程,其本质上是对承载力的复核。如果承载力满足要求,说明步骤(1)中的布置满足要求;反之,则应该改变模板体系的布置或截面尺寸。

2. 考虑目前施工现场的管理水平,以及在施工现场所采用搭设模板支撑的材料存在诸多的问题,所以,通常认为在模板的设计计算过程中,应留有足够的安全储备,防止意外事故的发生。

(5)根据构造要求,确定模板体系中其他构件的布置及截面尺寸,包括构造措施(如剪刀撑等杆件的布置)。

(6)绘制正式的模板体系施工图。

注:对模板体系施工图的设计深度图样目前没有专门的国标图集。通常认为,在模板体系施工图中,应至少表示出设计计算过程中所选用的参数,以及根据步骤(5)所选用的一些构件的布置。另外,在模板体系施工图中应有必要的说明,如材料的选用要求、搭设和拆除要求。总之,模板体系施工图的设计深度应以达到可以据此进行现场施工为原则。

(7)整理计算书。

三、荷载与荷载组合

1. 荷载

计算模板及其支架的荷载,分为荷载标准值和荷载设计值。荷载设计值是荷载标准值乘以相应的荷载分项系数。

1)荷载标准值

(1)永久荷载标准值应符合下列规定:

①模板及支架自重标准值(G_{1k})。

a. 模板自重标准值应根据模板设计图纸确定。对肋形楼板及无梁楼板模板的自重标准值,也可参照表 2-3 采用。

表 2-3 模板自重标准值 单位:kN/m²

模板构件的名称	木模板	组合钢模板	钢框胶合板摸板
无梁楼板模板	0.30	0.50	0.40
肋形楼板模板(其中包括梁的模板)	0.50	0.75	0.60
楼板模板及其支架(楼层高度 4 m 以下)	0.75	1.10	0.95

注:对于由钢管搭设的胶合板模板体系可参照钢框胶合板模板的自重标准值。

b. 支架自重标准值应根据模板支架布置确定。经测算,一般情况下支架自重按模板支架高度以 0.15 kN/m 取值,可以反映这一影响。

注:本条引自《浙江规程》。

②新浇筑混凝土自重标准值(G_{2k})。对普通混凝土,可采用 24 kN/m³;对其他混凝土,根据实际重力密度确定。

③钢筋自重标准值(G_{3k})。按设计图纸计算确定,一般可按每立方米混凝土含量计算:梁,1.5 kN/m³;楼板,1.1 kN/m³。

④新浇筑混凝土对模板的侧压力标准值(G_{4k})。采用内部振动器时,可按以下两式计算,并取其中较小值:

$$F = 0.22\gamma_c t_0 \beta_1 \beta_2 V^{1/2} \tag{2-1}$$

$$F = \gamma_c H \tag{2-2}$$

式中:F——新浇筑混凝土对模板的最大侧压力(kN/m^2)。

γ_c——混凝土的重力密度(kN/m^3)。

t_0——新浇筑混凝土的初凝时间(h),可按实测确定;当缺乏试验资料时,可采用 $t_0 = 200/(T+15)$计算(T 为混凝土的入模温度,单位:℃)。

V——混凝土的浇筑速度(m/h)。

注:适用于浇筑速度在 6 m/h 以下的普通混凝土及轻骨料混凝土。

β_1——外加剂影响修正系数,不掺外加剂时取 1.0;掺具有缓凝作用的外加剂时取 1.2。

β_2——混凝土坍落度影响修正系数,当坍落度小于 30mm 时,取 0.85;50～90 mm 时,取 1.0;110～150 mm 时,取 1.15。

H——混凝土侧压力计算位置处至新浇筑混凝土顶面的总高度(m)。

混凝土侧压力的计算分布图形如图 2-2 所示,图中 h 为有效压头高度(m),$h = \dfrac{F}{\gamma_c}$。

注:本条关于混凝土侧压力的计算是采用《混凝土结构工程施工及验收规范》(GB 50204—1992)[①]中的方法。但是对于目前普遍采用的泵送混凝土,该公式有一定的局限性。泵送混凝土侧压力的计算与传统施工工艺的混凝土侧压力计算有着很大的差异。就混凝土浇筑对模板侧压力的影响,国内外一些学者开展了较多的研究工作,提出了不同的侧压力计算公式,但目前还没有一个统一适用于现场模板设计操作的公式。

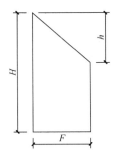

图 2-2　侧压力计算分布图

(2)可变荷载标准值应符合下列规定:

①施工人员及设备荷载标准值(Q_{1k})。

---

① 该规范已作废,但由于混凝土侧压力的计算公式仅在 1992 年版本的《混凝土结构工程施工及验收规范》中出现,以后的版本已经删除了本公式,所以该公式对于目前普遍采用的泵送混凝土具有一定的局限性。

a. 计算模板及直接支承模板的小楞时,均布活荷载可取 2.5 kN/m²,另应以集中荷载 2.5 kN 作用于跨中再进行验算,比较两者所得的弯矩值,按其中较大者采用;

b. 计算直接支承小楞的大楞时,均布活荷载可取 1.5 kN/m²;

c. 计算支架立杆及其他支承结构构件时,均布活荷载可取 1.0 kN/m²。

注:1. 对大型浇筑设备,如上料平台、混凝土输送泵,按实际情况计算。采用布料机上料进行浇筑混凝土时,活荷载标准值取 4 kN/m²。

2. 混凝土堆骨料高度超过 300 mm 以上者,按实际高度计算。

3. 模板单块宽度小于 150 mm 时,集中荷载可分布在相邻的两块板上。

②振捣混凝土时产生的荷载标准值(Q_{2k})。对水平面模板可采用 2.0 kN/m²;对垂直面模板可采用 4.0 kN/m²,且作用范围在新浇筑混凝土侧压力的有效压头高度以内。

③倾倒混凝土时产生的荷载标准值(Q_{3k})。倾倒混凝土时对垂直面模板产生的水平荷载标准值,可按表 2-4 采用。

表 2-4 倾倒混凝土时产生的水平荷载　　　　　　　单位:kN/m²

向模板内供料方法	水平荷载
溜槽、串筒或导管	2
容积小于 0.2 m³ 的运输工具	2
容积为 0.2～0.8 m³ 的运输工具	4
容积大于 0.8 m³ 的运输工具	6

注:1. 作用范围在有效压头高度以内;

2. 《混凝土质量控制标准》(GB 50164—2011)规定,柱、墙等结构竖向浇筑高度超过 3 m 时,应采用串筒、溜管或振动溜管浇筑混凝土。

(3)风荷载标准值(ω_k):应按现行国家标准《建筑结构荷载规范》(GB 50009—2012)中的规定计算,其中基本风压值应按该规范规定采用,并取风振系数 $\beta_z=1$。

2)荷载设计值

(1)计算模板及其支架结构或构件的强度、稳定性和连接强度时,应采用荷载设计值(荷载标准值乘以相应的荷载分项系数),荷载分项系数应按表 2-5 采用。

表 2-5 模板及支架荷载分项系数表

荷载类别	γ_i
模板及支架自重标准值(G_{1k})	对由可变荷载效应控制的组合,应取 1.2; 对由永久荷载效应控制的组合,应取 1.35
新浇筑混凝土自重标准值(G_{2k})	
钢筋自重标准值(G_{3k})	
新浇筑混凝土对模板的侧压力标准值(G_{4k})	
施工人员及施工设备荷载标准值(Q_{1k})	一般情况下应取 1.4; 对标准值大于 4 kN/m² 的活荷载应取 1.3
振捣混凝土时产生的荷载标准值(Q_{2k})	
倾倒混凝土时产生的荷载标准值(Q_{3k})	
风荷载标准值(ω_k)	1.4

(2)计算正常使用极限状态的变形时,应采用荷载标准值。

3)荷载折减(调整)系数

钢面板及支架作用荷载设计值可乘以系数 0.95 进行折减。当采用冷弯薄壁型钢时,其荷载设计值不应折减。

2. 荷载组合

(1)按极限状态设计时,其荷载组合应符合下列规定:

①对于承载能力极限状态,应按荷载效应的基本组合采用,并应采用下列设计表达式进行模板设计:

$$\gamma_0 S \leqslant R \tag{2-3}$$

式中:γ_0——结构的重要性系数,对作为临时结构的支撑系统统一取 0.9。

R——结构抗力的设计值。

S——结构作用效应组合的设计值,当计算支撑的强度、稳定性时应采用荷载效应基本组合的设计值。对于基本组合,荷载效应组合的设计值 S 应从下列组合值中取最不利值确定:

a. 由可变荷载效应控制的组合:

$$S = \gamma_G \sum_{i=1}^{n} S_{Gik} + \gamma_{Q1} S_{Q1k} \tag{2-4}$$

$$S = \gamma_G \sum_{i=1}^{n} S_{Gik} + 0.9 \sum_{i=1}^{n} \gamma_{Qi} S_{Qik} \tag{2-5}$$

b. 由永久荷载效应控制的组合:

$$S = \gamma_G \sum_{i=1}^{n} S_{Gik} + \sum_{i=1}^{n} \gamma_{Qi} \varphi_{ci} S_{Qik} \tag{2-6}$$

式中:φ_{ci}——可变荷载 Q_i 的组合系数,除风荷载取 0.6,对其他可变荷载,目前统一取 0.7。

②对于正常使用极限状态,应按下列设计表达式采用:

$$S \leqslant C \tag{2-7}$$

式中:S——正常使用极限状态荷载效应组合设计值:

$$S = \sum_{i=1}^{n} S_{Gik} \tag{2-8}$$

C——结构或结构构件达到正常使用要求的规定限值,当应验算模板及其支架的挠度时,其最大变形值不得超过下列允许值:

a. 构件表面外露(不做装修)的模板,为模板构件计算跨度的 1/400。

b. 构件表面隐蔽(做装修)的模板,为模板构件计算跨度的 1/250。

c. 支架的压缩变形值或弹性挠度,为相应的结构计算跨度的 1/1000。

(2)参与计算模板及其支架荷载效应组合的各项荷载的标准值组合应符合表 2-6 的规定。

表 2-6　参与模板及其支架荷载效应组合需考虑的各项荷载

项次	项　目	荷载组合	
		计算承载能力	验算挠度
1	平板及薄壳的模板及支架	$G_{1k}+G_{2k}+G_{3k}+Q_{1k}$	$G_{1k}+G_{2k}+G_{3k}$
2	梁和拱模板的底板及支架	$G_{1k}+G_{2k}+G_{3k}+Q_{2k}$	$G_{1k}+G_{2k}+G_{3k}$

续表

项次	项 目	荷载组合	
		计算承载能力	验算挠度
3	梁、拱、柱(边长不大于 300 mm)、墙(厚不大于 100 mm)的侧面模板	$G_{4k}+Q_{2k}$	G_{4k}
4	大体积结构、柱(边长大于 300 mm)、墙(厚大于 100 mm)的侧面模板	$G_{4k}+Q_{3k}$	G_{4k}

注:验算挠度应采用荷载标准值;计算承载能力应采用荷载设计值。

四、模板结构设计基本知识

1. 基本设计规定

(1)模板结构构件的面板(木、钢、胶合板)、大小楞(木、钢)等,均属于受弯构件,可按简支梁或连续梁计算。当模板构件的跨度超过三跨时,可按三跨连续梁计算。

注:本条引自《施工手册》。

(2)《JGJ 162 规范》中规定,面板可按简支跨计算,应验算跨中和悬臂端的最不利抗弯强度和挠度;支承楞梁计算时,次楞、主楞可根据实际情况按连续梁、简支梁或悬臂梁设计;同时次、主楞梁均应进行最不利抗弯强度与挠度计算。

(3)当纵向或横向水平杆的轴线对立杆轴线的偏心距不大于 55 mm 时,立杆稳定性计算中可不考虑此偏心距的影响。

注:本条引自《浙江规程》。

(4)模板支架计算时,应先确定计算单元,明确荷载传递路径,并根据实际受力情况绘出计算简图。

(5)钢管截面特性取值应根据材料进场后的抽样检测结果确定。无抽样检测结果时,可按附录 A 查取相关数据。

(6)优先选用在梁两侧设置立杆的支撑模式,通过调整立杆纵向间距使其满足受力要求。沿梁长方向,支撑梁的立杆间距,应视荷重情况分别取与板底立杆间距相同或取板底立杆间距的 1/2、1/3、1/4 等。在梁两侧设置立杆的基础上再在梁底增设立杆时,应按等跨连续梁进行计算,按附录 B 查取相关系数。

(7)用扣件式钢管脚手架作支架立杆时,应符合下列规定:当露天支架立杆为群柱架时,高宽比不应大于 5;当高宽比大于 5 时,必须加设抛撑或缆风绳,保证宽度方向的稳定。

(8)钢材的强度设计值和弹性模量应按表 2-7 采用(支撑立杆等主要受力杆件的钢材品种应采用 Q235)。

表 2-7　Q235 钢材的强度设计值与弹性模量　　　　　　　　　单位:N/mm²

抗拉、抗压强度设计值 f	205
抗弯强度设计值 f_m	205
弹性模量 E	$2.06×10^5$

(9)扣件、底座的承载力设计值应按表 2-8 采用。

表 2-8　扣件、底座的承载力设计值　　　　　　　　　　　　　单位:kN

项　目	承载力设计值
对接扣件(抗滑)	3.20
直角扣件、旋转扣件(抗滑)	8.00
底座(抗压)	40.00

注:扣件螺栓拧紧扭力矩值不应小于 40 N·m,且不应大于 65 N·m。

(10)木材的强度设计值和弹性模量可参照表 2-9 采用。

表 2-9　木材强度设计值和弹性模量参考值　　　　　　　　　单位:N/mm²

名　称	抗弯强度设计值 f_m	抗剪强度设计值 f_v	弹性模量 E
枋木	11(13)	1.2(1.3)	9000(9000)
胶合板	11.5(15)	(1.4)	4000(6000)

注:1. 表中括号里的数字为《浙江规程》中规定采用的强度设计值和弹性模量;

　　2.《JGJ 162 规范》中规定,木材的强度设计值和弹性模量的大小与木材树种等因素有关,其取值过于繁琐,而由于施工现场木材树种较难控制,本表木材强度设计值和弹性模量按《JGJ 162 规范》中强度最低的 TC11B 取值;

　　3.《JGJ 162 规范》中规定,木胶合板的强度设计值和弹性模量的取值同样过于繁琐,本表取的是强度最小值。

(11)关于长细比的限值。

①《JGJ 162 规范》中规定,模板结构构件的长细比应符合下列规定:

a. 受压构件长细比:支架立柱及桁架,不应大于 150;拉条、缀条、斜撑等连系构件,不应大于 200。

b. 受拉构件长细比:钢拉杆,不应大于 350;木拉杆,不应大于 250。

②《浙江规程》中规定,受压构件的长细比不应超过表 2-10 中规定的容许值。

表 2-10　受压构件的容许长细比

构件类别	容许长细比[λ]
立杆	210
剪刀撑中的压杆	250

2. 水平构件计算

(1)模板支架水平构件的抗弯强度应按下列公式计算:

$$\sigma = \frac{M}{W} \leqslant f_m \qquad (2-9)$$

式中:σ——弯曲应力(N/mm²);

　　　M——弯矩设计值(N·mm),应按下述第(2)条的规定计算;

　　　W——截面模量(mm³),按附录 A 采用;

　　　f_m——抗弯强度设计值(N/mm²),根据构件材料类别按表 2-7、表 2-9 采用。

(2)模板支架水平构件弯矩设计值应按下列公式计算的结果取最大值:

$$M = 1.2 \sum M_{Gik} + 1.4 \sum M_{Qik} \qquad (2-10)$$

$$M = 1.35 \sum M_{Gik} + 1.4 \times 0.7 \sum M_{Qik} \qquad (2-11)$$

式中：$\sum M_{Gik}$——模板自重、新浇混凝土自重与钢筋自重标准值产生的弯矩总和；

$\qquad \sum M_{Qik}$ 施工人员及施工设备荷载标准值、振捣混凝土时产生的荷载标准值产生的弯矩总和，应取最不利抗弯强度和挠度。

注：按《JGJ 162规范》中的规定，此处是要求求最不利弯矩，即考虑活荷载的最不利布置，其原理同单向板肋形楼盖中按弹性算法计算板和次梁的内力。但考虑到对于初学者，这样会大大增加计算量，建议同学们暂不考虑活荷载的最不利布置，至于工作中可根据现场的实际要求，选择一种普遍接受的方法。在《JGJ 162规范》出现之前，全国各地绝大多数城市都没有考虑活荷载的最不利布置，因为考虑到活荷载的最不利布置，再考虑到荷载效应组合分为由可变荷载效应控制的组合和由永久荷载效应控制的组合这两种情况时（如计算钢管大楞的最不利弯矩，此时荷载需要传递四次），分别得到由可变荷载效应控制的组合的恒载设计值、活载设计值，以及由永久荷载效应控制的组合的恒载设计值、活载设计值，然后根据这两种组合需计算两次内力才能得到钢管大楞的最不利弯矩。

（3）水平构件的抗剪强度计算：

①底模、枋木应按下列公式进行抗剪强度计算：

$$\tau = \frac{3Q}{2bh} \leqslant f_v \tag{2-12}$$

注：根据《JGJ 162规范》规定，可不进行模板面板的抗剪强度验算。

②钢管应按下列公式进行抗剪强度计算：

$$\tau = \frac{2Q}{A} \leqslant f_v \tag{2-13}$$

式中：τ——剪应力（N/mm²）；

Q——剪力设计值（N）；

b——构件宽度（mm）；

A——钢管的截面面积（mm²）；

h——构件高度（mm）；

f_v——抗剪强度设计值（N/mm²），根据构件材料类别按表2-9采用。

一般情况下，钢管不需进行抗剪承载力计算，因为钢管抗剪强度不起控制作用。如 $\phi48$ mm×3.5 mm 的 Q235—A 级钢管，其抗剪承载力为：

$$[V] = \frac{Af_v}{K_1} = \frac{489.3 \times 120}{2.0} N = 29.36 \text{ kN} \tag{2-14}$$

式中：K_1——为截面形状系数。

一般横向、纵向水平杆上的荷载由一只扣件传递，一只扣件的抗滑承载力设计值只有 8.0 kN，远小于$[V]$，故只要满足扣件的抗滑力计算条件，纵、横向水平杆件抗剪承载力也肯定满足。

（4）模板支架水平构件的挠度应符合下列公式规定：

$$v \leqslant [v] \tag{2-15}$$

式中：v——挠度（mm）。

$[v]$——容许挠度。

简支梁承受均布荷载时：

$$v = \frac{5ql^4}{384EI} \tag{2-16}$$

简支梁跨中承受集中荷载时：

$$v = \frac{Pl^3}{48EI} \tag{2-17}$$

式中：q——均布荷载（N/mm）；

　　P——跨中集中荷载（N）；

　　E——弹性模量（N/mm^2）；

　　I——截面惯性矩（mm^4）；

　　l——梁的计算长度（mm）；

等跨连续梁的挠度见附录 B。

（5）计算横向、纵向水平杆的内力和挠度时，横向水平杆宜按简支梁计算；纵向水平杆宜按三跨连续梁计算。

（6）对于楼板模板的钢管大楞（杠管、主楞），当楞木的间距不大于 400 mm 时，可近似按均布荷载作用下的多跨连续构件计算。此时，把楞木传来的集中荷载除以楞木间距即得均布荷载。

（7）梁高大于 700 mm 时，应采用对拉螺栓在梁侧中部设置通长横楞并用对拉螺栓紧固（对拉螺栓计算的具体要求见柱模板）。

3. 立杆计算

（1）计算立杆段的轴向力设计值 N_{ut}，应按下列公式计算：

不组合风荷载时：

$$N_{ut} = 1.2 \sum N_{Gik} + 1.4 \sum N_{Qik} \tag{2-18}$$

式中：N_{ut}——计算段立杆的轴向力设计值（N）；

　　$\sum N_{Gik}$——模板及支架自重、新浇混凝土自重与钢筋自重标准值产生的轴向力总和（N）；

　　$\sum N_{Qik}$——施工人员及施工设备荷载标准值、振捣混凝土时产生的荷载标准值产生的轴向力总和（N）。

（2）对单层模板支架，立杆的稳定性应按下列公式计算：

不组合风荷载时：

$$\frac{N_{ut}}{\varphi A K_H} \leqslant f \tag{2-19}$$

对两层及两层以上模板支架，考虑叠合效应，立杆的稳定性应按下列公式计算：

不组合风荷载时：

$$\frac{1.05 N_{ut}}{\varphi A K_H} \leqslant f \tag{2-20}$$

式中：N_{ut}——计算立杆段的轴向力设计值（N）；

　　φ——轴心受压立杆的稳定系数，应根据长细比 λ 由附录 C 采用；

　　λ——长细比，$\lambda = \frac{l_0}{i}$；

　　l_0——立杆计算长度（mm），按下述第（3）条的规定计算；

　　i——截面回转半径（mm），按附录 A 采用；

　　A——立杆的截面面积（mm^2），按附录 A 采用；

　　K_H——高度调整系数，模板支架高度超过 4 m 时采用，按下述第（4）条的规定计算；

　　f——钢材的抗压强度设计值（N/mm^2），按表 2-7 采用。

（3）立杆计算长度 l_0 应按下列表达式计算的结果取最大值：

$$l_0 = h + 2a \tag{2-21}$$

$$l_0 = k\mu h \tag{2-22}$$

式中：h——立杆步距（mm）;

$\quad a$——模板支架立杆伸出顶层横向水平杆中心线至模板支撑点的长度（mm）;

$\quad k$——计算长度附加系数，按附录 D 计算;

$\quad \mu$——考虑支架整体稳定因素的单杆等效计算长度系数，按附录 D 采用。

（4）当模板支架高度超过 4 m 时，应采用高度调整系数 K_H 对立杆的稳定承载力进行调降，按下列公式计算：

$$K_H = \frac{1}{1 + 0.005(H - 4)} \tag{2-23}$$

式中：H——模板支架高度（m）。

注：立杆计算中（1）~（4）条是采用《浙江规程》中的规定，按此方法便于设计计算，且结构的可靠度较大。

（5）《JGJ 162 规范》中规定的扣件式钢管立杆稳定性计算的有关内容：

①用对接扣件连接的钢管立柱应按单杆轴心受压构件计算，其计算应符合下式：

$$\frac{N}{\varphi A} \leqslant f \tag{2-24}$$

式中：N——立柱轴心压力设计值（kN），其余规定同《浙江规程》。

式（2-24）中计算长度采用纵横向水平拉杆的最大步距，最大步距不得大于 1.8 m，步距相同时应采用底层步距。

②室外露天支模组合风荷载时，立柱计算应符合下式要求：

$$\frac{N_w}{\varphi A} + \frac{M_w}{W} \leqslant f \tag{2-25}$$

其中

$$N_w = 0.9 \times \left(1.2 \sum_{i=1}^{n} N_{Gik} + 0.9 \times 1.4 \sum_{i=1}^{n} N_{Qik}\right) \tag{2-26}$$

$$M_w = \frac{0.9^2 \times 1.4 \omega_k l_a h^2}{10} \tag{2-27}$$

式中：$\sum_{i=1}^{n} N_{Gik}$——各恒载标准值对立杆产生的轴向力之和（kN）;

$\quad \sum_{i=1}^{n} N_{Qik}$——各活荷载标准值对立杆产生的轴向力之和加 $\frac{M_w}{l_b}$（kN）;

$\quad \omega_k$——风荷载标准值（kN）;

$\quad h$——纵、横水平杆的计算步距（m）;

$\quad l_a$——立柱迎风面的间距（m）;

$\quad l_b$——与迎风面垂直方向的立柱间距（m）。

（6）《DB 45/T 618 规范》规定：在按本书第一部分第三节规定设置剪刀撑体系和外连装置，遵守本书第一部分第三节杆件接长规则的前提下，分别满足如下全部条件的，可以不做立杆稳定性计算。

对于高度不超过 8 m、步高不超过 1.6 m 的支架，其设计条件如下：

①按《JGJ 162 规范》进行荷载组合后［详见上述第（5）条］，荷载在单立杆截面上所产生

的轴向内力 $N_w \leqslant 20$ kN；

　　②支架搭设高度 $H \leqslant 8$ m；

　　③水平杆步距 $h \leqslant 1.6$ m；

　　④立杆的间距 $l_a \leqslant 1.5$ m, $l_b \leqslant 1.5$ m；

　　⑤搭设地点在广西壮族自治区行政区域内除海岛以外的地区。

4. 扣件抗滑承载力计算

　　(1)对单层模板支架，纵向或横向水平杆与立杆连接时，扣件的抗滑承载力应符合下式：

$$R \leqslant R_c \tag{2-28}$$

　　对两层及两层以上模板支架，考虑叠合效应，纵向或横向水平杆与立杆连接时，扣件的抗滑承载力应符合下式：

$$1.05R \leqslant R_c \tag{2-29}$$

式中：R——纵向、横向水平杆传给立杆的竖向作用力设计值(kN)；

　　　　R_c——扣件抗滑承载力设计值(kN)，应按表 2-8 采用。

　　(2)$R \leqslant 8.0$ kN 时，可采用单扣件；8.0 kN $< R \leqslant 12.0$ kN 时，应采用双扣件；$R >$ 12.0 kN 时，应采用可调托座。

　　注：《JGJ 162 规范》中规定，钢管立杆顶端应设可调支托，不存在扣件抗滑问题，故在《JGJ 162 规范》中没有扣件抗滑承载力验算的相关条款规定，本条是引自《浙江规程》中的规定。

5. 柱模板的计算

　　柱模板计算内容包括：

　　(1)验算面板的抗弯强度、抗剪强度和挠度；

　　(2)验算竖楞枋木的抗弯强度、抗剪强度和挠度(布置竖楞时计算)；

　　(3)验算柱箍的抗弯强度和挠度(两个方向)；

　　(4)验算对拉螺栓(两个方向)的强度。

　　计算要点如下：

　　(1)柱模板荷载标准值：强度验算要考虑新浇混凝土侧压力和倾倒混凝土时产生的荷载；挠度验算只考虑新浇混凝土侧压力。

　　(2)柱模板面板的计算。

　　面板直接承受模板传递的荷载，可按照均布荷载作用下的三跨连续梁计算，也可按简支梁计算。

　　(3)竖楞枋木的计算。

　　竖楞枋木直接承受模板传递的荷载，应该按照均布荷载作用下的三跨连续梁计算，也可根据实际结构分析。

　　(4)柱箍承受竖楞枋木传递给柱箍的集中荷载或直接承受柱模面板传递给柱箍的均布荷载，按实际布置得到柱箍的计算简图。柱箍最大容许挠度：$[\omega] = l_0/250$。

　　(5)对拉螺栓的计算：对拉螺栓应确保内、外侧模能满足设计要求的强度、刚度和整体性。

　　对拉螺栓强度计算关系式为：

$$N < N_t^b \tag{2-30}$$

式中：N_t^b——对拉螺栓的允许荷载，按附录 E 和附录 F 采用；

N——对拉螺栓最大轴力设计值，$N=abF_s$；

a——对拉螺栓横向间距；

b——对拉螺栓竖向间距；

F_s——新浇混凝土作用于模板上的侧压力、振捣混凝土对垂直模板产生的水平荷载或倾倒混凝土时作用于模板上的侧压力设计值，$F_s=0.95(\gamma_G F+\gamma_Q Q_{3k})$ 或 $F=0.95(\gamma_G G_{4k}+\gamma_Q Q_{3k})$，其中 0.95 为荷载折减系数。

6. 立杆地基承载力验算

对搭设在地面上的模板支架，应对地基承载力进行验算；对搭设在楼面和地下室顶板上的模板支架，应对楼面承载力进行验算。

立杆基础底面的平均压力应满足下式的要求：

$$p\leqslant m_f f_{ak} \tag{2-31}$$

式中：p——立杆底垫木的平均压力（N/mm²），$p=\dfrac{N}{A}$；

N——上部立杆传至垫木顶面的轴向力设计值（N）；

A——垫木底面面积（mm²）；

f_{ak}——地基土承载力设计值（N/mm²），应按现行国家标准《建筑地基基础设计规范》（GB 50007—2011）有关规定或工程地质报告提供的数据采用；

m_f——地基土承载力折减系数，应按表 2-11 采用。

表 2-11　地基土承载力折减系数 m_f

地基土类别	折减系数	
	支承在原土上时	支承在回填土上时
碎石土、砂土、多年填积土	0.8	0.4
粉土、黏土	0.9	0.5
岩石、混凝土	1.0	——

注：1. 立杆基础应有良好的排水措施，支安垫木前应适当洒水将原土表面夯实夯平；

　　2. 回填土应分层夯实，其各类回填土的干重度应达到所要求的密实度。

第三节　钢管支架安全技术构造措施

根据《建筑施工扣件式钢管脚手架安全技术规范》（JGJ 130—2011）、《JGJ 162 规范》及《DB 45/T 618 规范》等相关规范，本节主要介绍模板支架和作业平台钢管支架安全技术构造措施。由于《DB 45/T 618 规范》在满足《建筑施工扣件式钢管脚手架安全技术规范》（JGJ 130—2011）、《JGJ 162 规范》要求的基础上，讲解更为详尽且更具操作性（易于操作），故本节主要依据《DB 45/T 618 规范》介绍扣件式钢管支架安全技术构造措施。

一、术语、定义及符号

为了便于理解，根据《建筑施工扣件式钢管脚手架安全技术规范》（JGJ 130—2011）、《JGJ 162 规范》及《DB 45/T 618 规范》等相关规范，列出以下术语、定义及符号。

1. 术语和定义

(1)面板：直接接触新浇混凝土的承力板，包括拼装的板和加肋楞带板。面板的种类有钢板、木板、胶合板、塑料板等。

(2)支架：支撑面板用的楞梁、立柱、连接件、斜撑、剪刀撑和水平拉条等构件的总称。

(3)连接件：面板与楞梁的连接、面板自身的拼接、支架结构自身的连接和其中二者相互间连接所用的零配件。包括卡销、螺栓、扣件、卡具、拉杆等。

(4)模板体系：由面板、支架和连接件三部分系统组成的体系，可简称为"模板"。

(5)小梁：直接支承面板的小型楞梁，又称"次楞"或"次梁"。

(6)主梁：直接支承小楞的结构构件，又称"主楞"。一般采用钢、木梁或钢桁架。

(7)支架立柱：直接支承主楞的受压结构构件，又称"支撑柱"、"立柱"、"立杆"。

(8)配模：在施工设计中所包括的模板排列图、连接件和支承件布置图，以及细部结构、异形模板和特殊部位详图。

(9)高大模板、高大作业平台。符合以下条件之一者为高大模板或高大作业平台：

①支撑体系高度达到或超过8 m；

②结构跨度达到或超过18 m的模板；

③按《JGJ 162规范》进行荷载组合之后的施工面荷载达到或超过15 kN/m²；

④按《JGJ 162规范》进行荷载组合之后的施工线荷载达到或超过20 kN/m；

⑤按《JGJ 162规范》进行荷载组合之后的施工单点集中荷载达到或超过7 kN的作业平台。

(10)一般模板、一般作业平台：除高大模板、高大作业平台之外的模板、作业平台。

(11)支架、钢管支架。

支架：用于支承新浇混凝土的模板或支承作业平台的支撑体系。

钢管支架：由钢管、扣件、零配件搭设而成的支架。

(12)几何不变架体：在正常施工荷载作用下，内部任意两点之间无相对位移的支架架体。

(13)水平杆：支架中在水平方向上连接立杆的水平杆件。

(14)步高、步：水平杆在竖向上的间距称为"步高"，每一间距称为"一步"。

(15)立杆间距：沿水平杆方向，相邻立杆之间的距离。

(16)封顶杆：支架中最顶层的水平杆。

(17)扫地杆：支架中最底层的水平杆。

(18)剪刀撑：支架中成对设置的交叉斜杆，分为纵向竖直剪刀撑、横向竖直剪刀撑、水平剪刀撑。

(19)剪刀撑体系：设置在支架内部，由纵向竖直剪刀撑、横向竖直剪刀撑、水平剪刀撑共同构建的体系，是从支架内部防止支架发生侧移的装置。

(20)斜撑：除剪刀撑外，与立杆、水平杆均斜交的杆件。

(21)扣件：采用螺栓紧固的扣接连接件，分为直角扣件、旋转扣件、对接扣件。

(22)底座：设于立杆底部的座垫，分为固定底座、可调底座。

(23)垫板：设于底座下宽度不小于200 mm，厚度不小于50 mm的木板。

(24)可调顶托：旋入立杆顶端，可以调节高度的配件。

(25)外连装置：使支架与建筑物联结，将支架中的水平内力传至建筑物，是从外部防止支架发生侧移的装置，分为抱柱装置、连墙装置、连板装置、辅助装置。

2. 符号

(1)H:支架的高度。

(2)H_D:支架中的危险区域。

(3)h:步高。

(4)l_a:沿支架纵向的立杆间距。

(5)l_b:沿支架横向的立杆间距。

二、基本要求

1. 一般规定

(1)当支架高度超过 3.6 m 时,应使用钢管搭设。所用 $\phi48$ mm$\times$3.5 mm 钢管,壁厚最小值不应小于 3.0 mm。

(2)支架内部应设置剪刀撑体系,以保证支架整体成为几何不变架体,从支架内部防止支架发生侧移。

(3)支架应设置外连装置与建筑物联结,从外部防止支架发生侧移。

(4)杆件接长、水平杆与立杆的扣接。

①杆件接长分为搭接和对接。

a. 搭接 1:搭接长度不应小于 700 mm,用 3 个旋转扣件扣接,搭接杆件伸出扣件盖板边缘的长度不应小于 100 mm,如图 2-3(a)所示。

b. 搭接 2:搭接长度不应小于 900 mm,用 4 个旋转扣件扣接,搭接杆件伸出扣件盖板边缘的长度不应小于 100 mm,如图 2-3(b)所示。

c. 对接:对接的两杆杆轴在同一条直线上,如图 2-3(c)所示。

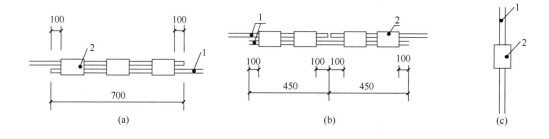

图 2-3　杆件接长

(a)搭接 1;(b)搭接 2;(c)对接

1—杆件;2—扣件

②水平杆的接长。所有支架的封顶杆,以及在封顶杆往下步高 h 范围内和危险区域 H_D 范围内的水平杆采用搭接接长,禁止对接;相邻两水平杆的接头不应在同一个立杆间距 l_a 或 l_b 内。

③剪刀撑采用搭接接长。

④立杆应采用对接接长,相邻两立杆的接头不应在同一步高内。

⑤纵、横两向所有水平杆(包括封顶杆、扫地杆)均应直接与立杆扣接,禁止用水平杆之间相互扣接的形式代替水平杆与立杆的扣接。

(5)支承楼面板、屋面板的立杆,其间距应与支承梁的立杆沿梁长方向的间距成整数倍关系。

(6)截面高度达到或超过1 m的梁的支承。

①支承立杆应不少于2排；

②承托梁底模的水平杆与立杆的扣接应使用双扣件；

③梁底水平杆抗弯及梁底水平杆与立杆相扣的扣件抗滑移应按有关标准进行计算；

④截面高度达到或超过1.2 m的梁，应直接用立杆或立杆顶部的可调顶托承重，并应在其底模两侧支承梁的立杆上，沿梁长方向全高全长各设置一道竖直剪刀撑(竖直剪刀撑如上端达到封顶杆位置，可兼作剪刀撑体系中的竖直剪刀撑，否则应在原剪刀撑体系中增设)。

(7)立杆应做稳定性计算，经计算确定立杆的间距和水平杆的步高。

(8)水平杆的布置应按如下规定进行：

①水平杆应纵横两向布置，每步高上纵、横两向均不应缺杆；

②支架内应有封顶杆、扫地杆，并且纵、横两向均不应缺杆。

(9)从楼面挑出型钢梁作上层支架的立杆支座时，应对型钢梁和锚固件进行强度、刚度和抗倾覆验算，对支承梁的楼面结构构件进行强度验算。型钢梁搁置在楼面上的长度与挑出长度之比应不小于2(如有可靠的抗倾覆措施，此比值可适当减小)，型钢梁与楼面接触部分的首尾两端均应与建筑物的钢筋混凝土结构构件有可靠锚固。在立杆支承点上，型钢梁应有可靠的限位装置，以保证立杆在型钢梁上不发生滑移。

挑出的型钢梁挑出端部之间或型钢梁与建筑结构之间应采用刚性连接，以保证梁端不发生水平摆动。

挑出的型钢梁的支座不应设置在建筑物的悬臂板或悬臂梁上。禁止用钢管代替型钢作悬挑梁使用。禁止从外脚手架中伸出钢管斜支悬挑的作业平台或模板。

(10)可调底座、可调顶托伸出长度限制：

①支承梁的不应超过200 mm；

②支承板的不应超过300 mm。

2. 支架支承面要求

1)以地面为支承面

支架的支承面为地面时，场地应平整，排水应畅通，地面不应发生沉陷。地基承载力应按《JGJ 162规范》的要求进行验算。

(1)验算后符合要求的，可以根据以下情况放置立杆：

①搭设一般作业平台支架的，可在地基上铺垫板后放置立杆；

②搭设高大作业平台支架、一般模板支架和高大模板支架的，应浇捣混凝土支承面后再放置立杆。

(2)验算后不符合要求的，可以根据支架荷重和场地情况选择如下方法之一进行处理：

①进行地基处理后按上述(1)项处理；

②先按施工图完成地面混凝土工程，再搭设支架。

2)以楼面或屋面为支承面

搭设一般模板支架或高大模板支架的，支承面下须加支顶，应根据实际荷重对该支承面进行结构验算,以确定支架下传的荷载是否超出支撑面的设计活荷载,进而确定需要支顶的层数,但至少支顶一层。搭设高大作业平台支架的,应根据实际荷重对该支承面进行结构验算,以确定是否需要对支承面进行支顶和需支顶的层数。

三、构造做法

1. 封顶杆、扫地杆

封顶杆应尽量贴近模板底,扫地杆位于支承面以上不大于 200 mm 处,如图 2-4 所示。

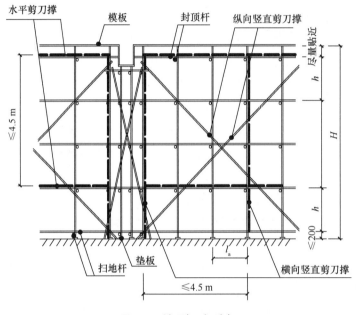

图 2-4 封顶杆、扫地杆

2. 剪刀撑

剪刀撑倾角为 45°～60°(宜采用 45°),跨越 5～7 根立杆,宽度不小于 6 m,如图 2-5 所示。

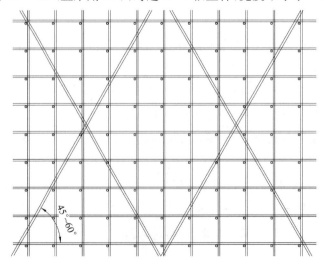

图 2-5 剪刀撑

剪刀撑分为竖直剪刀撑和水平剪刀撑。

(1)竖直剪刀撑。

①纵向竖直剪刀撑,在竖直面上紧贴立杆沿支架纵向全高全长设置;

②横向竖直剪刀撑,在竖直面上紧贴立杆沿支架横向全高全长设置。

竖直剪刀撑应与每一条与其相交的立杆扣接(不能直接接触除外),竖直剪刀撑杆件的底端应与支撑面顶紧。

(2)水平剪刀撑。沿水平面紧贴水平杆全平面设置,并与每一条与其相交的立杆扣接,不能与立杆扣接之处应与水平杆扣接。

3. 抱柱装置

抱柱装置是指使支架与建筑物的柱联结的装置,如图 2-6 所示。

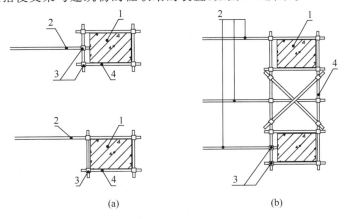

(a)　　　　　　　　　　(b)

图 2-6　抱柱装置

(a)与一柱联结的抱柱;(b)与多柱联结的抱柱

1—混凝土柱;2—支架的水平杆;3—扣件;4—抱柱箍

4. 连墙装置

连墙装置是指使支架与建筑物的混凝土墙联结的装置,如图 2-7 所示。

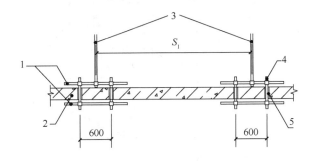

图 2-7　连墙装置(平面图)

1—墙两侧的长管(与短管扣接);2—混凝土墙;

3—支架中的水平杆(与长管扣接);

4—短管(长为墙厚加 700 mm);5—预留孔 $\phi60$ mm;S_1—连接点间距

5. 连梁(或板)装置

连梁(或板)装置是指使支架与建筑物的楼面梁(或板)、屋面梁(或板)联结的装置,如图 2-8 所示。

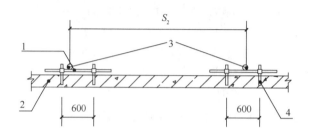

图 2-8 连梁(或板)装置

1—长管(与短管扣接);2—楼(或屋)面梁(或板);

3—支架中的水平杆(与长管扣接);

4—预埋短管(长为板厚加 250 mm);S_2—连接点间距

6. 辅助装置

辅助装置是指在无法采用抱柱装置、连墙装置、连梁(或板)装置与建筑物联结之处,为防止架顶侧移所设置的装置,如图 2-9、图 2-10 所示。钢丝绳(直径不小于 9.3 mm)适度收紧,但不可对立杆施力过大,以免立杆向架内侧移。钢丝绳应贴近水平杆设置,并在水平杆下方引入引出。

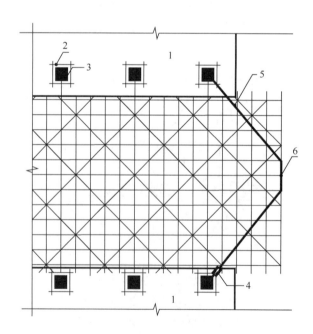

图 2-9 在一处设置辅助装置(平面图)

1—楼面;2—抱柱装置;3—混凝土柱;4—花篮螺栓;

5—用 1~3 道水平钢丝绳拉住支架顶部;6—绕过 3 根立杆

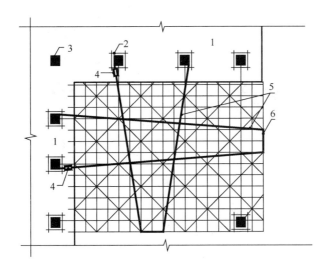

图 2-10　在多处设置辅助装置(平面图)
1—楼面;2—抱柱装置;3—混凝土柱;4—花篮螺栓;
5—用 1~3 道水平钢丝绳拉住支架顶部;6—绕过 3 根立杆

7. 格构柱

当承担较大荷载时,宜设置格构柱。格构柱是由支架中 4 根或多根立杆围成的矩形截面柱。柱的 4 个侧面设之字斜撑,之字斜撑与组成柱的立杆扣接;每步高设 2 道水平短剪刀撑,水平短剪刀撑与柱角的立杆扣接。如图 2-11、图 2-12 所示。

8. 格构梁

当承担较大荷载时,可设置格构梁。格构梁是由支架中 4 根或多根水平杆围成的矩形截面梁。梁的 4 个侧面设之字斜撑,之字斜撑与组成梁的水平杆扣接;沿梁长方向每 l_a 或每 l_b 设 1 道与梁垂直的竖直短剪刀撑,竖直短剪刀撑与组成梁的水平杆扣接,短剪刀撑位置在立杆附近 200 mm 以内,如图 2-13 所示。格构梁的支座是格构柱。

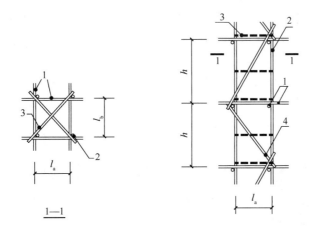

图 2-11　4 根立杆围成的格构柱
1—水平杆;2—立杆;3—水平短剪刀撑;4—之字斜撑

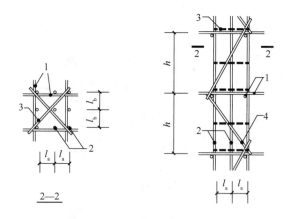

图 2-12 多根立杆围成的格构柱

1—水平杆;2—立杆;3—水平短剪刀撑;4—之字斜撑

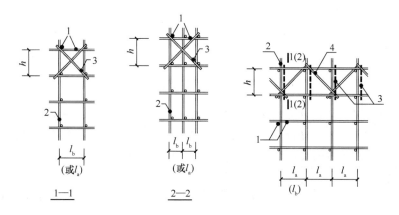

图 2-13 格构梁

1—水平杆;2—立杆;3—竖直短剪刀撑;4—之字斜撑

四、支架的整架安全技术措施

支架的高宽比宜小于或等于 1.5。当高宽比大于 1.5 时可采取增加外连装置的数量、扩大外连装置的设置范围或扩大支架下部尺寸等做法来加强支架的稳定性。禁止输送混凝土的泵管与支架联结。

搭设一般作业平台支架和一般模板支架应遵照的安全技术措施如下。

1. 水平杆最大步高

(1)一般作业平台支架,$h \leqslant 1.8$ m。

(2)一般模板支架,$h \leqslant 1.6$ m。

2. 立杆最大间距

(1)一般作业平台支架,$l_a \leqslant 1.5$ m,$l_b \leqslant 1.5$ m。

(2)一般模板支架,$l_a \leqslant 1.4$ m,$l_b \leqslant 1.4$ m。

3. 剪刀撑体系的设置

(1)支架周边应设置竖直剪刀撑,全高全长全立面设置。

(2)封顶杆位置应设置水平剪刀撑,全平面设置。

（3）支架内部应分别设置纵横两向竖直剪刀撑,间距为:沿支架纵向每不大于 4.5 m 设 1 道,沿支架横向每不大于 4.5 m 设 1 道。每道竖直剪刀撑均为全高全长设置。

（4）支架内部应设置水平剪刀撑,位置为:从扫天杆开始往下每不大于 4.5 m 设 1 道,每道水平剪刀撑均为全平面设置。

剪刀撑体系如图 2-14 所示。

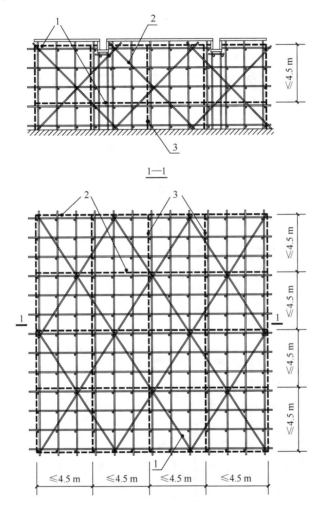

图 2-14 一般作业平台支架和一般模板支架剪刀撑体系平面布置图

1—水平剪刀撑;2—纵向竖直剪刀撑;3—横向竖直剪刀撑

4. 外连装置的设置

（1）抱柱装置。支架与周边稳固的结构柱联结的装置:

①沿柱高每楼层至少设 1 道。楼层高于 4 m 的,按每不大于 4 m 设 1 道。

②一般作业平台支架在封顶杆位置设 1 道。$H<6$ m 的一般模板支架,紧贴梁底下方设 1 道。

③$H\geqslant6$ m 的一般模板支架,紧贴梁底下方及封顶杆往下一个步高位置上各设 1 道。

（2）连墙装置。在可以与支架联结的每幅混凝土墙上设置(禁止在砌体墙上设置):

①竖直方向上,在水平剪刀撑位置设置;

②水平方向上,联结点间距 S_1 等于竖直剪刀撑的间距,应将竖直剪刀撑平面内的1根水平杆伸出扣在连墙装置上,如图2-7所示。

(3)连梁(或板)装置。在可以与支架联结的每层楼面梁(或板)和屋面梁(或板)上设置,联结点间距 S_2 等于竖直剪刀撑的间距,应将竖直剪刀撑平面内的1根水平杆伸出扣在连梁(或板)装置上,如图2-8所示。

(4)辅助装置。在无法采用以上三种方法与建筑物联结之处设置,可根据实际情况设置1道或2道。具体设置位置:第1道设在封顶杆位置,第2道设在封顶杆下方一个步高 h 处。

第四节 模板工程专项施工方案编制原理

模板工程设计是一项涉及施工质量和施工安全的重要工作。模板工程设计计算包括:梁模板结构体系设计计算、楼板模板结构体系设计计算、柱模板结构体系设计计算、墙模板结构体系设计计算等内容。本节主要介绍采用扣件式钢管支架搭设的梁、板、柱及墙模板结构体系的传力途径和主要受力构件的设计计算方法。

一、梁模板结构体系设计计算

梁模板荷载传递路径有两条:一是底模→小楞→钢管大楞→扣件→立杆;二是侧模→立挡→外楞钢管→对拉螺栓。因此,梁模板结构体系的设计计算内容应包括底模的设计计算和侧模的设计计算两个方面的内容。梁施工支模示意如图2-15所示。

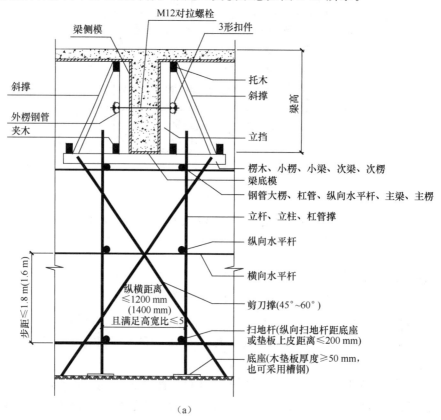

(a)

图2-15 梁施工支模示意图和施工实物图

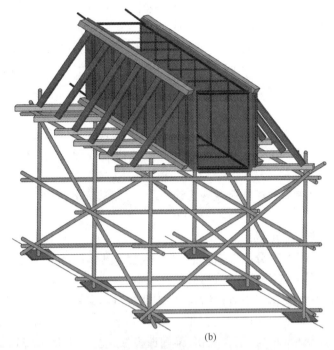

(b)

(c)

续图 2-15

(a)梁模板施工支模示意图；(b)梁模板空间示意图；(c)梁模板施工实物图

注：括号中立杆步距不大于 1.6 m，立杆纵、横距离不大于 1400 mm 的规定引自《DB 45/T 618 规范》。

1. 底模的设计计算

1)底模面板验算

应按三等跨连续梁验算底模面板的抗弯强度、抗剪强度和挠度。理由分析如下：

(1)对实际模板构件的结构简化可从三方面考虑：一是当支承条件为小楞时，一般可简化为简支支座；二是当实际跨数超过三跨时，只按三跨来计算结构内力（前提是跨度相等或相近，相近是指各跨长度之差在 15% 之内）；三是考虑到用于搭设模板的材料需要多次周转使用,因其在使用过程中使材料处于弹性范围,故应采用弹性算法计算构件的内力,其计算跨度应取支座中心线之间的距离。

(2)对梁底模,可按三等跨连续梁计算,也可根据《JGJ 162规范》的要求,简化为简支梁。但简化为简支梁过于保守,且与实际情况严重不符,现场施工几乎没有用短板铺设梁底模的;若按三跨进行设计计算,则繁简适中,且与实际情况吻合,故建议梁底模的计算简图简化为三等跨的连续梁进行设计计算。

(3)对梁底模所受的荷载应根据表2-5确定,计算承载能力应考虑 $G_{1k}+G_{2k}+G_{3k}+Q_{2k}$,验算挠度应考虑 $G_{1k}+G_{2k}+G_{3k}$。具体荷载分析应包括荷载形式、作用位置、荷载大小三方面的内容。

①荷载形式:作用在梁底模的荷载均为均布的面荷载,一般是将其简化为沿梁长方向分布的线荷载。

②作用位置:应按满跨布置。

③荷载大小:可根据本部分第二节的相关内容进行具体的计算。需注意的是计算承载能力应采用荷载设计值,验算挠度应采用荷载标准值。

(4)模板及其支撑系统属于临时性结构,也需要进行承载能力极限状态和正常使用极限状态的设计,同时也要满足相应的构造要求。由于模板体系多数受力构件均属于受弯构件(在梁模板体系中,梁底模、小楞、钢管大楞、梁侧面模板、立挡、外楞钢管均属于受弯构件;在板模板体系中,板底模、小楞、钢管大楞均属于受弯构件;在柱模板体系中,柱模面板、竖楞、柱箍均属于受弯构件;在墙模板体系中,墙模面板、次楞、主楞均属于受弯构件),因此,在对受弯构件进行承载能力极限状态的设计时,要满足抗弯强度验算和抗剪强度验算;在对受弯构件进行正常使用极限状态的设计时,要满足变形的要求。

(5)根据《JGJ 162规范》的规定,也可不验算模板面板的抗剪强度。规范所规定的验算内容是下限要求,必须要进行设计计算,没有规定的验算内容是否要进行设计计算由设计者根据需要自定。但目前多数工程的模板设计方案都进行了底模的抗剪强度验算,建议初学者在初次学习的过程中掌握模板面板的抗剪强度验算。

总之,梁底模的计算简图一般可简化为三等跨的连续梁,上部承受均布的线荷载。在确定梁底模的计算简图后,即可依据附录B求出梁底模所受的弯矩、剪力和挠度,进而按本部分第二节的相关内容进行验算底模面板的抗弯强度、抗剪强度和挠度。

2)小楞验算

分析的原理和方法同梁底模,此时小楞的支座是钢管大楞,将支承条件简化为简支支座,计算跨度即为大楞的间距,故可按简支梁计算或根据实际结构分析。但此处需注意荷载的转化,需将梁底模计算时底模面板所承受的沿梁长方向的线荷载转化为作用在小楞上沿梁宽方向的线荷载,作用位置位于梁底模面板在小楞上所处的位置。

3)钢管大楞验算

钢管大楞将所承受的荷载通过扣件传递给立杆,大楞的支座为扣件,将支承条件简化为简支支座,计算跨度即为梁下立杆的纵距,故可按三等跨连续梁验算大楞的抗弯强度和挠度。此处大楞所受荷载为小楞传来的集中荷载;集中荷载的大小与小楞所受的支座反力相等;集中荷载的作用位置按小楞的间距布置,但需考虑到在施工过程中由于小楞是按一定间距随机铺设的,应将小楞传来的集中荷载作用到对大楞产生最不利内力的位置,集中荷载间距等于小楞的间距。如果在此情况下,精确计算钢管内力比较困难,可将小楞传来的集中荷载间距作近似简化,将原来较大的间距简化为一个较小的间距,以使得集中荷载的布置较为规则,便于求解内力。这是因为模板的设计计算是对承载力的复核,如果在一种更为不利的情况下,承载能力满足要求,那实际情况就更能满足承载力的要求。

此外,还可以进行如下简化:对于钢管大楞,当楞木的间距不大于 400 mm 或大楞每跨的集中荷载个数较多时,一般不少于 3 个,可近似按均布荷载作用下的多跨连续梁计算,此时,把小楞传来的集中荷载除以小楞间距即得均布荷载。当然此处亦可通过力学软件精确计算内力,详见本部分第五节的编制案例。

4)扣件抗滑承载力验算

扣件抗滑承载力验算的关键是求得纵向或横向水平杆通过扣件传给立杆的竖向作用力设计值,其理论上等于钢管大楞所受的支座反力;另外也可以用每根立杆之间所受小楞传来的集中荷载个数乘以小楞传来的集中荷载来估算大楞传给立杆的竖向作用设计值。

5)立杆的稳定性计算

立杆的稳定性应按下列公式计算:

$$\frac{N_{ut}}{\varphi A K_H} \leqslant f$$

式中:N_{ut}——计算立杆段的轴向力设计值(N);

注:N_{ut} 应包括支架自重设计值和钢管大楞通过扣件传给立杆的轴向力设计值。支架自重设计值可按模板支架高度以 0.15 kN/m 来估算,此处的 0.15 kN/m 是模板支架自重每延米自重标准值,应乘以模板支架高度、恒载分项系数和结构重要性系数;钢管大楞通过扣件传给立杆的轴向力设计值即为上述验算扣件抗滑承载力时计算的水平杆通过扣件传给立杆的竖向作用设计值。

φ——轴心受压立杆的稳定系数,应根据长细比 λ 由附录 C 采用;

λ——长细比,$\lambda = \frac{l_0}{i} \leqslant 210$;

l_0——立杆计算长度(mm);

注:应按下列两个表达式计算的结果取最大值:$l_0 = l_0 = h + 2a$;$l_0 = l_0 = k\mu h$。

i——截面回转半径(mm),按附录 A 采用,对 ϕ48 mm×3.5 mm 钢管,取 15.8 mm;

A——立杆的截面面积(mm²),按附录 A 采用,对 ϕ48 mm×3.5 mm 钢管,取 489 mm;

K_H——高度调整系数,详见式(2-23);

f——钢材的抗压强度设计值(N/mm²),按表 2-7 采用,取 205 N/mm²。

2. 侧面模板的设计计算

1)侧模面板验算

按三等跨连续梁(也可按简支梁计算)验算侧模面板的抗弯强度、抗剪强度和挠度。其分析方法和计算内容同梁底模,需注意的是,此时侧模面板所受的荷载应根据表 2-5 重新确定,计算承载能力应考虑 $G_{4k}+Q_{2k}$,验算挠度应考虑 G_{4k}。

2)立挡验算

梁高大于 700 mm 时,应采用对拉螺栓在梁侧中部设置通长横楞,用螺栓紧固,故应根据实际结构分析其计算简图是简支梁还是多跨连续梁。

3)外楞钢管验算

分析方法同梁底模的钢管大楞。

4)对拉螺栓及 3 形扣件验算

计算方法详见式(2-30)。

二、楼板模板结构体系设计计算

楼板模板施工支模示意如图 2-16 所示,其荷载传递路径为:板底模面板→小楞→钢管大楞→扣件→立杆。

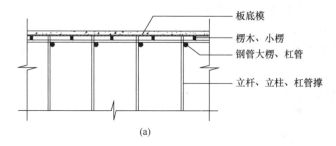

(a)

(b)

图 2-16 楼板模板施工支模示意图和施工实物图

(a)楼板模板支模示意图;(b)楼板模板施工实物图

1. 底模验算

按三等跨连续梁(也可按简支梁计算)验算板底模的抗弯强度、抗剪强度和挠度。分析方法同梁底模,但此时楼板底模所受的荷载应根据表 2-5 重新确定,计算承载能力应考虑 $G_{1k}+G_{2k}+G_{3k}+Q_{1k}$,验算挠度应考虑 $G_{1k}+G_{2k}+G_{3k}$,尤其在确定施工人员及施工设备荷载标准值 Q_{1k} 时应按下述三种情况考虑(见图 2-17):

(1)验算底模、小楞时,对均布荷载取 2.5 kN/m²,另应以集中荷载 2.5 kN 再进行验算;

(2)验算大楞时,取均布荷载 1.5 kN/m²;

(3)验算立杆时,取均布荷载 1.0 kN/m²。

图 2-17　楼板模板荷载标准值 Q_{1k} 取值示意图

2. 小楞、大楞验算、扣件抗滑移验算和立杆的稳定性验算

小楞、大楞、扣件和立杆的验算方法同梁底模及其支撑的验算,详见设计案例。

三、柱模板结构体系设计计算

柱模板的支撑由两层组成,第一层为直接支撑模板的竖楞,用以支撑混凝土对模板的侧压力;第二层为支撑竖楞的柱箍,用以支撑竖楞所受的压力。柱箍之间用对拉螺栓相互拉接,形成一个完整的柱模板支撑体系。柱施工支模示意如图 2-18 所示。

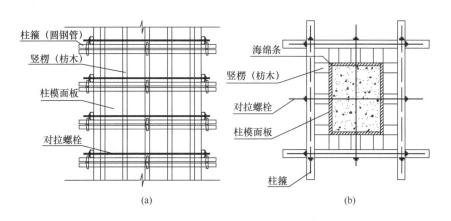

(a)　　　　　　　　　　　　(b)

图 2-18　柱施工支模示意示意图和施工实物图

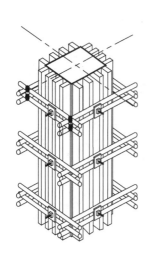

(c)   (d)

续图 2-18

(a)柱立面图;(b)柱剖面图;(c)柱模板空间示意图;(d)柱模板施工实物图

1. 柱模板计算内容

(1)验算面板的抗弯强度、抗剪强度和挠度。

(2)验算竖楞枋木的抗弯强度、抗剪强度和挠度。

(3)验算柱箍的抗弯强度和挠度(两个方向:B 方向和 H 方向)。

(4)验算对拉螺栓的强度(两个方向:B 方向和 H 方向)。

2. 计算要点

1)柱模板荷载标准值

强度验算一般要考虑新浇混凝土侧压力 G_{4k} 和倾倒混凝土时产生的荷载 Q_{3k}(或振捣混凝土时产生的荷载 Q_{2k});挠度验算只考虑新浇混凝土侧压力 G_{4k},详见表 2-5。

2)柱模板面板的计算

柱模板面板直接承受新浇混凝土传递来的荷载,可按照均布荷载作用下的多跨连续梁(具体是两跨还是三跨应根据实际结构进行分析)来验算柱模面板的抗弯强度、抗剪强度和挠度,也可按简支梁来验算。

3)竖楞枋木的计算

竖楞枋木直接承受柱模面板传递来的荷载,应该按照均布荷载作用下的三跨连续梁或根据实际结构分析得到竖楞的计算简图,然后验算竖楞的抗弯强度、抗剪强度和挠度。

4)柱箍计算

柱箍承受竖楞传递给柱箍的集中荷载,当不设竖楞时,直接承受柱模面板传递给柱箍的均布荷载,按实际布置得到柱箍的计算简图,然后验算柱箍的抗弯强度和挠度。柱箍最大容许挠度:$[\omega]=l_0/250$。

5)对拉螺栓的计算

对拉螺栓应确保内、外侧模能满足设计要求的强度、刚度和整体性。

对拉螺栓强度计算公式详见式(2-30)。

四、墙模板结构体系设计计算

墙模板的支撑由两层龙骨(木楞或钢楞)组成:直接支撑模板的为次楞,即内龙骨;用以支撑次楞的为主楞,即外龙骨。组装墙体模板时,通过穿墙螺栓将墙体两侧外龙骨拉结,每个穿墙螺栓成为主楞的支点,其施工支模示意如图 2-19 所示。

根据规范,当采用溜槽、串筒或导管时,倾倒混凝土产生的荷载标准值为 2.00 kN/m²。

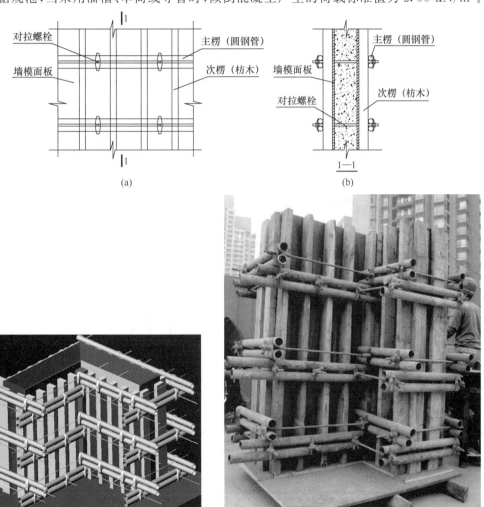

(a)　　　　　　　　　　　(b)

(c)　　　　　　　　　　　(d)

图 2-19　墙模板施工支模示意图和施工实物图
(a)墙模板正立面图;(b)墙模板 1—1 剖面图;(c)墙模板空间示意图;(d)墙模板施工实物图

1. 墙模板面板的计算

墙模板面板为受弯结构,按支撑在次楞上的三跨连续梁(或简支梁或根据实际情况分析)验算其抗弯强度和刚度。此时应根据表 2-5 重新确定墙模板面板所受的荷载,强度验算要考虑新浇混凝土侧压力 G_{4k} 和倾倒混凝土时产生的荷载 Q_{3k}(或振捣混凝土时产生的荷载 Q_{2k});挠度验算只考虑新浇混凝土侧压力 G_{4k}。

2. 墙模板次楞的计算

次楞(木或钢)直接承受墙模板面板传递的荷载,按照均布荷载作用下的三跨连续梁(或根据实际情况分析)验算次楞的抗弯强度、抗剪强度和挠度。

3. 墙模板主楞的计算

主楞(木或钢)承受次楞传递来的集中荷载,按照集中荷载作用下的三跨连续梁计算。

4. 穿墙螺栓的计算

计算方法同柱模体系中对拉螺栓的计算方法。

第五节　模板工程专项施工方案编制案例

本节选用了一个具有普遍代表性的常规现浇钢筋混凝土小型仓库作为案例,重点介绍该项目模板工程专项施工方案的编制方法,详细演示了模板工程的设计与计算过程,并在设计计算中介绍了一种较为简单和实用的算法,而且配有分析图形,直观形象。

例:某现浇钢筋混凝土小型仓库,其结构平面布置如图 2-20 所示,工程结构情况详见说明。现要求编制该项目模板工程的专项施工方案。

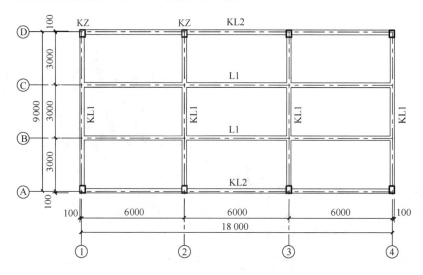

图 2-20　某仓库结构平面布置图

结构说明:

(1)图 2-20 中除注明外,轴线均对梁中;除标高以 m 为单位外,其余均以 mm 为单位。

(2)板厚均为 90 mm,板面标高为 4.470 m,梁面标高同板面标高。

(3)图中各构件的截面尺寸如下:

$$
\begin{aligned}
&KZ \qquad 400 \text{ mm} \times 500 \text{ mm}\\
&KL1 \qquad 250 \text{ mm} \times 800 \text{ mm}\\
&KL2 \qquad 250 \text{ mm} \times 500 \text{ mm}\\
&L1 \qquad 250 \text{ mm} \times 500 \text{ mm}
\end{aligned}
$$

(4)柱、梁、板混凝土强度等级均为 C30。

(5)室内外高差为 0.2 m,室外地坪至柱下独立基础顶面的距离为 800 mm。

(6)地梁顶标高为 -0.1 m。

模板工程专项施工方案编制如下：

<table>
<tr><td>

某仓库工程
模板专项施工方案

编　制：＿＿＿＿＿＿＿
审　核：＿＿＿＿＿＿＿
审　批：＿＿＿＿＿＿＿

××××年××××月××日

</td></tr>
</table>

封面示意

目录示意

一 编制依据

(1)本工程有关图纸及设计说明。

(2)《建筑施工模板安全技术规范》(JGJ 162—2008)。

(3)《建筑施工扣件式钢管脚手架安全技术规范》(JGJ 130—2011)。

(4)广西壮族自治区地方标准《建筑施工模板及作业平台钢管支架构造安全技术规范》(DB 45/T 618—2009)。

(5)《混凝土结构工程施工质量验收规范》(GB 50204—2015)。

(6)《冷弯薄壁型钢结构技术规范》(GB 50018—2002)。

(7)《建筑施工手册》(第五版,中国建筑工业出版社)。

(8)《建筑施工计算手册》(第三版,江正荣著,中国建筑工业出版社)。

(9)《建筑结构荷载规范》(GB 50009—2012)。

(10)《建筑结构可靠度设计统一标准》(GB 50068—2001)。

(11)《建筑地基基础设计规范》(GB 50007—2011)。

(12)《钢结构设计规范》(GB 50017—2003)。

(13)《混凝土结构设计规范》(GB 50010—2010)。

(14)《钢框胶合板模板技术规程》(JGJ 96—2011)。

(15)《混凝土模板用胶合板》(GB/T 17656—2008)。

(16)《建筑施工安全检查标准》(JGJ 59—2011)。

二 工程概况

工程名称:某仓库工程。

工程规模:地上一层,建筑面积167.44 m²。

工程结构:基础为柱下独立基础,主体为框架结构。

三 方案选择

应满足施工工期、工程质量和施工安全的要求,故在选择方案时,充分考虑以下几点:

(1)模板及其支架的结构设计,力求做到结构安全可靠、造价经济合理。

(2)在规定的条件下和规定的使用期限内,能够充分满足预期的安全性和耐久性。

(3)选用材料时,力求做到常见通用、可周转利用、便于保养维修。

(4)结构选型时,力求做到受力明确、构造措施到位、搭拆方便、便于检查验收。

结合以上原则与本工程的实际情况,并综合考虑以往的施工经验,决定采用胶合板模板,模板支架采用扣件式钢管架。

四 材料选择

采用18 mm厚胶合板,60 mm×90 mm枋木,φ48 mm×3.5 mm圆钢管。

1. 柱模板

面板采用18 mm厚胶合板,内楞采用60 mm×90 mm枋木,柱箍采用φ48 mm×3.5 mm圆钢管,边角处采用木板条镶补,保证楞角方直、美观;斜向支撑采用φ48 mm×

3.5 mm 钢管、斜向加固(尽量取 45°);根据实际尺寸验算是否需要采用 M12 对拉螺栓进行加固。

2. 梁模板(扣件钢管架)

侧模、底模均采用 18 mm 厚胶合板,内楞采用 60 mm×90 mm 枋木,外楞采用 ϕ48 mm×3.5 mm 圆钢管;承重架采用扣件式钢管脚手架,由扣件、立杆、横杆、扫地杆、支座、垫板组成,采用 ϕ48 mm×3.5 mm 圆钢管;侧模根据实际尺寸验算是否需要采用 M12 对拉螺栓进行加固。

3. 板模板(扣件钢管架)

面板采用 18 mm 厚胶合板,板底支撑 60 mm×90 mm 枋木,承重架采用扣件式钢管脚手架,由扣件、立杆、横杆、封顶杆、扫地杆、支座、垫板组成,采用 ϕ48 mm×3.5 mm 圆钢管。

五　模板安装

(一)模板安装的一般要求

竖向结构钢筋等隐蔽工程验收完毕、施工缝处理完毕后方可准备模板安装。安装柱模前,要清除杂物,调整、固定模板的定位预埋件,做好测量放线工作,抹好模板下的找平砂浆。

模板在现场拼装时,要控制好相邻板面之间拼缝,两板接头处要加设卡板,以防漏浆,拼装完成后用钢丝把模板和竖向钢管绑扎牢固,以保持模板的整体性。拼装的精度要求如下:

(1)两块模板之间拼缝宽度不大于 1 mm。

(2)相邻模板之间高低差不大于 1 mm。

(3)模板平整度偏差不大于 2 mm。

(4)模板平面尺寸偏差为±3 mm。

(二)模板定位

当地圈梁(基础梁)混凝土浇筑完毕并具有一定强度(≥1.2 MPa),即用手按不松软、无痕迹时,方可上人开始进行轴线投测。首先根据楼面轴线测量孔引测建筑物的主轴线的控制线,并以该控制线为起点,引出每道细部轴线,根据轴线位置放出细部截面位置尺寸线、模板 500 mm 控制线,以便于模板的安装和校正。当地圈梁(基础梁)混凝土浇筑完毕、模板拆除以后,开始引测楼层 500 mm 标高控制线,并根据该 500 mm 线将板底的控制线直接引测到墙、柱上。

(三)±0.000 以上模板安装要求

1. 柱模板安装顺序

安装前检查→模板定位→柱模安装→垂直度调整→安装柱箍→安装穿柱对拉螺栓→全面检查校正→整体固定。

2. 梁模板安装顺序

弹出梁轴线及水平线并复核→搭设梁模支架→安装梁底楞或梁卡具→安装梁底模板→梁底起拱→绑扎钢筋→安装侧梁模→安装另一侧梁模→安装上、下锁口楞、斜撑楞及腰楞和对拉螺栓→复核梁模尺寸、位置→与相邻模板连固。

注:也可以先安装好梁模板后再绑扎钢筋,然后将梁筋整体沉入梁模中。

3. 楼板模板安装顺序

"满堂"脚手架→大楞→小楞→楼板模板安装→模板调整验收→进行下道工序。

4. 技术要点

(1)柱模板支模为四面支模,柱模板下部要设底箍固定定位,上部采用钢管加对拉螺栓作柱箍进行固定,间距按要求布置。

(2)安装柱模前,要对柱子接茬处凿毛,用空压机清除柱根内的杂物,清扫口封闭后要固定好,防止柱子模板根部出现漏浆"烂根"现象。做好测量控制工作,监控柱模垂直度。

(3)安装梁底模板,底模要求平直,标高正确。跨度不小于 4 m 时,梁底模应起 1‰～3‰ 的起拱高度。

(4)楼板模板接缝应平直,为防止接缝处漏浆,在接缝处采用粘胶带盖缝。

(5)楼板模板当采用单块就位时,每个铺设单元宜从四周先用阴角模板与墙、梁模板连接,然后向中央铺设,跨度大于 4 m 时,中间应起拱 2‰。

(四)模板构造

1. 柱(截面尺寸:300 mm×400 mm)模板

采用 18 mm 胶合板,竖向内楞采用 60 mm×90 mm 枋木,柱箍采用圆钢管 ϕ48 mm×3.5 mm,柱截面 B 方向间距 138 mm、柱截面 H 方向间距 188 mm,用可回收的 M12 普通穿墙螺栓加固,竖向间距:同柱箍间距 350 mm,四周加钢管抛撑。柱边角处采用木板条找补海绵条封堵,保证楞角方直、美观。斜向支撑每隔 1500 mm 一道,采用双向钢管对称斜向加固(尽量取 45°),柱与柱之间采用拉通线检查验收。柱模木楞盖住板缝,以减少漏浆。

2. 梁(截面尺寸:250 mm×900 mm)模板(扣件钢管架)

面板采用 18 mm 胶合板,梁侧模板采用 60 mm×90 mm 枋木作为立挡,间距 350 mm;钢管作为外楞,间距不大于 600 mm;采用 M12 普通穿墙螺栓加固,水平间距 600 mm,竖向间距同外楞。梁底支撑采用 60 mm×90 mm 枋木,间距 350 mm;扣件式钢管脚手架作为支撑系统,梁两侧立杆间距 1 m,步距 1.6 m。

3. 梁(截面尺寸:250 mm×600 mm)模板(扣件钢管架)

面板采用 18 mm 胶合板,梁侧模板采用 60 mm×90 mm 枋木作为内楞,间距 400 mm;梁底支撑采用 60 mm×90 mm 枋木,间距 400 mm;扣件式钢管脚手架作为支撑系统,梁两侧立杆间距 1 m,排距 1 m,步距 1.6 m。

4. 板模板(扣件钢管架)

楼板模板采用 60 mm×90 mm 枋木做板底支撑,中心间距 500 mm,扣件式钢管脚手架作为支撑系统,脚手架立杆排距 1 m,跨距 1 m,步距 1.6 m。

六 模板拆除

(1)模板拆除根据现场同条件的试块指导强度,符合设计要求的百分率并由技术人员发放拆模通知书后,方可拆模。

(2)模板及其支架在拆除时混凝土强度要达到如下要求:在拆除侧模时,混凝土强度应能保证其表面及棱角不因拆除模板而受损后方可拆除,一般要求达到 1.2 MPa。混凝土的底模,其混凝土强度(依据同条件养护试块强度而定)必须符合规定,之后方可拆除。

(3)拆除模板的顺序与安装模板顺序相反,先支的模板后拆,后支的先拆。

①柱模板拆除。

柱模板在混凝土强度达到 1.2 MPa 和能保证其表面及棱角不因拆除而损坏时方能拆除,模板拆除顺序与安装模板顺序相反,先支的后拆、后支的先拆,先外柱后内柱,先柱箍后模板。拆柱模板时,首先拆下对拉螺栓,再松开地脚螺栓,使模板向后倾斜与柱脱开。不得在柱上撬模板,或用大锤砸模板,保证拆模时不晃动混凝土柱。

②楼板模板拆除。

楼板模板拆除时,先调节顶部支撑头,使其向下移动,达到模板与楼板分离的要求,保留养护用支撑及其上的养护枋木或养护模板,其余模板均落在满堂脚手架上。

(4)模板拆除运至存放地点时,模板保持平放,然后用铲刀、湿布进行清理。支模前刷脱模剂。模板有损坏的地方及时进行修理,以保证使用质量。

七　模板技术措施

(一)进场材料质量标准

1. 模板要求

技术性能必须符合相关质量标准(通过收存、检查进场木胶合板出厂合格证和检测报告来检验)。

1)外观质量检查标准(通过观察检验)

任意部位不得有腐朽、霉斑、鼓泡,不得有板边缺损、起毛,每平方米单板脱胶不大于0.001 m^2,每平方米污染面积不大于0.005 m^2。

2)规格尺寸标准(每批进场胶合板抽检不少于3张)

(1)厚度检测方法:用钢卷尺在距板边20 mm处,长短边分别测3点、1点,取8点平均值;各测点与平均值差为偏差。

(2)长、宽检测方法:用钢卷尺在距板边100 mm处分别测量每张板长、宽各2点,取平均值。

(3)对角线差检测方法:用钢卷尺测量两对角线之差。

(4)翘曲度检测方法:用钢直尺量对角线长度,并用楔形塞尺(或钢卷尺)量钢直尺与板面间最大弦高,后者与前者的比值为翘曲度。

2. 钢管要求

钢管表面应平直光滑,不应有裂纹、分层、压痕、划道和硬弯,新用的钢管要有出厂合格证。脚手架施工前必须将入场钢管取样,送有资质的试验单位进行钢管抗弯、抗拉等力学试验,试验结果满足设计要求后,方可在施工中使用。

3. 扣件要求

扣件应符合《钢管脚手扣件》(GB 15831—2006)的要求,由有扣件生产许可证的生产厂家提供,不得有裂纹、气孔、缩松、砂眼等锻造缺陷,扣件的规格应与钢管相匹配,贴和面应平整,活动部位灵活,夹紧钢管时开口处最小距离不小于5 mm。钢管螺栓拧紧力矩达70 N·m时,不得破坏。如使用旧扣件时,扣件必须取样送有资质的试验单位进行扣件抗滑力等试验,试验结果满足设计要求后方可在施工中使用。

(二)模板安装质量要求

(1)主控项目。

①模板及支架材料的技术指标应符合国家现行有关标准和专项施工方案的规定。

检查数量:全数检查。

检验方法:检查质量证明文件。

②现浇混凝土结构的模板及支架安装完成后,应按照专项施工方案对下列内容进行检查验收:

a. 模板的定位；

b. 支架杆件的规格、尺寸、数量；

c. 支架杆件之间的连接；

d. 支架的剪刀撑和其他支撑设置；

e. 支架与结构之间的连接设置；

f. 支架杆件底部的支承情况。

检查数量：全数检查。

检验方法：观察、尺量检查；力矩扳手检查。

（2）一般项目。

①模板安装质量应符合下列要求：

a. 模板的接缝应严密；

b. 模板内不应有杂物；

c. 模板与混凝土的接触面应平整、清洁；

d. 对清水混凝土构件，应使用能达到设计效果的模板。

检查数量：全数检查。

检验方法：观察检查。

②脱模剂的品种和涂刷方法应符合专项施工方案的要求。脱模剂不得影响结构性能及装饰施工，不得玷污钢筋和混凝土接槎处。

检查数量：全数检查。

检验方法：观察检查；检查质量证明文件和施工记录。

③模板的起拱应符合现行国家标准《混凝土结构工程施工规范》（GB 50666—2011）的规定，并应符合设计及施工方案的要求。

检查数量：在同一检验批内，对梁，应抽查构件数量的10%，且不少于3件；对板，应按有代表性的自然间抽查10%，且不少于3间；对大空间结构，板可按纵、横轴线划分检查面，抽查10%，且不少于3面。

检验方法：水准仪或尺量检查。

④支架立柱和竖向模板安装在土层上时，应符合下列规定：

a. 土层应坚实、平整，其承载力或密实度应符合施工方案的要求；

b. 应有防水、排水措施，对冻胀性土，应有预防冻融措施；

c. 支架立柱下应设置垫板，并应符合施工方案的要求；

d. 对清水混凝土构件，应使用能达到设计效果的模板。

检查数量：全数检查。

检验方法：观察检查；承载力检查勘察报告或试验报告。

⑤现浇混凝土结构多层连续支模时，上、下层模板支架的立柱宜对准。

检查数量：全数检查。

检验方法：观察检查。

⑥固定在模板上的预埋件、预留孔和预留洞不得遗漏，且应安装牢固。当设计无具体要求时，其位置偏差应符合表2-12的规定。

表 2-12　混凝土结构预埋件、预留孔洞允许偏差

项　目		允许偏差/mm
预埋钢板中心线位置		3
预埋管、预留孔中心线位置		3
插筋	中心线位置	5
	外露长度	+10,0
预埋螺栓	中心线位置	2
	外露长度	+10,0
预留洞	中心线位置	10
	外露长度	+10,0

注:检查中心线位置时,应沿纵、横两个方向量测,并取其中偏差的较大值。

检查数量:在同一检验批内,对梁、柱和独立基础,应抽查构件数量的 10%,且不少于 3 件;对墙和板,应按有代表性的自然间抽查 10%,且不少于 3 间;对大空间结构,墙可按相邻轴线间高度 5 m 左右划分检查面,板可按纵横轴线划分检查面,抽查 10%,且均不少于 3 面。

检验方法:尺量检查。

⑦现浇结构模板安装的尺寸允许偏差应符合表 2-13 的规定。

表 2-13　现浇结构模板安装的允许偏差和及检验方法

项　目		允许偏差/mm	检验方法
轴线位置		5	尺量
底模上表面标高		±5	水准仪或拉线、尺量检查
截面内部尺寸	基础	±10	尺量检查
	柱、墙、梁	+4,−5	
层高垂直度	层高不大于 5 m	6	经纬仪或吊线、尺量
	层高大于 5 m	8	
相邻两板面高低差		2	尺量检查
表面平整度		5	2 m 靠尺和塞尺检查

注:检查轴线位置时,应沿纵、横两个方向量测,并取其中偏差的较大值。

检查数量:在同一检验批内,对梁、柱和独立基础,应抽查构件数量的 10%,且不应少于 3 件;对墙和板,应按有代表性的自然间抽查 10%,且不少于 3 间;对大空间结构,墙可按相邻轴线间高度 5 m 左右划分检查面,板可按纵横轴线划分检查面,抽查 10%,且均不少于 3 面。

(3)模板垂直度控制。

①对模板垂直度严格控制,在模板安装就位前,必须对每一块模板线进行复测,无误后,方可模板安装。

②模板拼装配合,施工员及质检员逐一检查模板垂直度,确保垂直度不超过 3 mm,平整

度不超过 2 mm。

③模板就位前,检查顶模棍位置、间距是否满足要求。

(4)顶板模板标高控制。

顶板抄测标高控制点,测量抄出混凝土柱上的 500 mm 线,根据层高及板厚,沿墙周边弹出顶板模板的底标高线。

(5)模板的变形控制。

①模板支立后,拉水平、竖向通线,保证混凝土浇筑时易观察模板变形,跑位。

②浇筑前认真检查螺栓、顶撑及斜撑是否松动。

③模板支立完毕后,禁止模板与脚手架拉结。

(6)模板的拼缝、接头。

模板拼缝、接头不密实时,用塑料密封条堵塞;钢模板如发生变形时,及时修整。

(7)清扫口的留置。

楼梯模板清扫口留在平台梁下口,清扫口为 50 mm×100 mm 大小,以便用空压机清扫模内的杂物,清理干净后,用木胶合板背钉枋木固定。

(8)跨度小于 4 m 不起拱;4～6 m 的板起拱 10 mm;跨度大于 6 m 的板起拱 15 mm。

(9)与安装配合。

合模前与钢筋、水、电安装等工种协调配合,合模通知书发放后方可合模。

(10)混凝土浇筑时,所有墙板全长、全高拉通线,边浇筑边校正墙板垂直度,每次浇筑时,均派专人专职检查模板,发现问题及时解决。

(11)为提高模板周转、安装效率,事先按工程轴线位置、尺寸将模板编号,以便定位使用。拆除后的模板按编号整理、堆放。安装操作人员应采取定段、定编号负责制。

(三)其他注意事项

在模板工程施工过程中,严格按照模板工程质量控制程序施工,另外对于一些质量通病制定预防措施,防患于未然,以保证模板工程的施工质量。严格执行交底制度,操作前必须有单项的施工方案和给施工队的书面形式的技术交底。

(1)胶合板选取统一规格、面板平整光洁、防水性能好的。

(2)进场枋木先压刨平直、统一尺寸,并码放整齐,枋木下口要垫平。

(3)模板配板后四边弹线刨平,以保证柱子、楼板阳角顺直。

(4)柱模板安装基层找平,并粘贴海绵条,模板下端与事先做好的定位基准靠紧,以保证模板位置正确和防止模板底部漏浆。

(5)支柱所设的水平撑与剪刀撑,按构造与整体稳定性布置。

(四)脱模剂及模板堆放、维修

(1)木胶合板选择水性脱模剂,在安装前将脱膜剂刷上,防止过早刷上后被雨水冲洗掉。钢模板用油性脱模剂,机油:柴油＝2:8。

(2)模板贮存时,其上要有遮蔽,其下垫有垫木。垫木间距要适当,避免模板变形或损伤。

(3)装卸模板时轻装轻卸,严禁抛掷,并防止碰撞、损坏模板。周转模板分类清理、堆放。

(4)拆下的模板,如发现翘曲,变形,及时进行修理。破损的板面及时进行修补。

八 安全、环保文明施工措施

(1)支模前必须搭好相关脚手架。

（2）浇筑混凝土前必须检查支撑是否可靠、扣件是否松动。浇筑混凝土时必须由模板支设班组设专人看模，随时检查支撑是否变形、松动，并组织及时恢复。经常检查支设模板吊钩、斜支撑及平台连接处螺栓是否松动，发现问题及时组织处理。

（3）拆模时操作人员必须挂好、系好安全带。

（4）在拆模前不准将脚手架拆除。拆除顶板模板前划定安全区域和安全通道，将非安全通道用钢管、安全网封闭，挂"禁止通行"安全标志，操作人员不得在此区域作业。

（5）木工机械必须严格使用倒顺开关和专用开关箱，一次线不得超过 3 m，外壳接保护零线，且绝缘良好。电锯和电刨必须接用漏电保护器，锯片不得有裂纹（使用前检查，使用中随时检查），且电锯必须具备皮带防护罩、锯片防护罩、分料器和护手装置。使用木工多功能机械时严禁电锯和电刨同时使用；使用木工机械严禁戴手套；长度小于 50 cm 或厚度大于锯片半径的木料严禁使用电锯；两人操作时相互配合，不得硬拉硬拽；机械停用时断电加锁。

（6）环保与文明施工。晚 22：00—次日早 6：00 之间现场停止模板加工和其他模板作业。现场模板加工垃圾及时清理，并存放进指定垃圾站，做到工完场清。整个模板堆放场地与施工现场要达到整齐有序、干净无污染、低噪声、低扬尘、低能耗的整体效果。

九　模板计算书

一、已知条件

（1）材料的强度设计值。

①胶合板：抗弯强度设计值 $f_m=15$ N/mm²；抗剪强度设计值 $f_v=1.4$ N/mm²。

②枋木：抗弯强度设计值 $f_m=13$ N/mm²；抗剪强度设计值 $f_v=1.3$ N/mm²。

③$\phi48$ mm×3.5 mm 钢管：抗拉、抗压强度设计值 $f=205$ N/mm²。抗弯强度设计值 $f_m=205$ N/mm²；抗剪强度设计值 $f_v=120$ N/mm²。

（2）材料的弹性模量。

①枋木的弹性模量：$E=9000$ N/mm²。

②木胶合板的弹性模量：$E=6000$ N/mm²。

③钢管的弹性模量：$E=206\ 000$ N/mm²。

（3）$\phi48$ mm×3.5 mm 钢管的截面几何特征。

①截面面积 $A=489$ mm²。

②截面惯性矩 $I=1.219\times10^5$ mm⁴。

③抗弯截面模量 $W_z=5077$ mm³。

（4）配套 3 形扣件型号为 12 型，其容许荷载为 12 kN。

（5）模板的允许挠度：$[f]=\dfrac{L}{400}$，式中，L 为模板的计算跨度。

二、主要受力构件的设计计算过程

注：在梁、板、柱及墙的模板设计中，梁模板的设计计算较为繁琐，本案例对梁模板设计计算的解释也较为详细。初学者可根据本书的特点，先学习梁模板的计算，在掌握梁模板的设计计算后，对板、柱模板的设计计算也会触类旁通。

(一)柱模板计算

柱模板的支撑由两层组成,第一层为直接支撑模板的竖楞,用以支撑混凝土对模板的侧压力;第二层为支撑竖楞的柱箍,用以支撑竖楞所受的压力。柱箍之间用对拉螺栓相互拉接,形成一个完整的柱模板支撑体系。柱施工支模示意如图 2-21 所示。

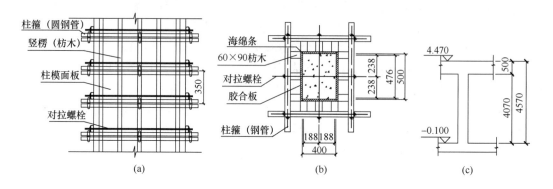

图 2-21 柱施工支模示意图

(a)柱立面图;(b)柱剖面图;(c)柱模板计算高度

柱截面宽度 B(mm):400。柱截面高度 H(mm):500。

注:柱模板的计算高度:$H=(4.47+0.1-0.5)$m$=4.07$ m。

1. 参数信息

1)基本参数

柱截面宽度 B 方向对拉螺栓数目:1。

柱截面宽度 B 方向竖楞数目:3。

柱截面高度 H 方向对拉螺栓数目:1。

柱截面高度 H 方向竖楞数目:3。

对拉螺栓直径(mm):M12。

2)柱箍信息

柱箍材料:钢楞。截面类型:圆钢管 48 mm×3.5 mm。

钢楞截面惯性矩 I(cm^4):12.19。

钢楞截面抵抗矩 W(cm^3):5.077。

柱箍的间距(mm):350。

柱箍肢数:2。

3)竖楞信息

竖楞材料:枋木。

宽度(mm):60。

高度(mm):90。

竖楞肢数:1。

4)面板参数

面板类型:木胶合板。

面板厚度(mm):18。

面板弹性模量(N/mm^2):6000。

面板抗弯强度设计值 f_m（N/mm²）:15。

面板抗剪强度设计值 f_v（N/mm²）:1.4。

5）枋木和钢楞

枋木抗弯强度设计值 f_m（N/mm²）:13。

枋木抗剪强度设计值 f_v（N/mm²）:1.3。

枋木弹性模量 E（N/mm²）:9000。

钢楞弹性模量 E（N/mm²）:206 000。

钢楞抗弯强度设计值 f_m（N/mm²）:205。

2. 柱模板荷载计算

（1）新浇混凝土作用于模板的最大侧压力标准值 G_{4k}，按下列公式计算，并取其中的较小值：

$$F=0.22\gamma_c t_0 \beta_1 \beta_2 V^{1/2}$$
$$F=\gamma_c H$$

式中：F——新浇筑混凝土对模板的最大侧压力（kN/m²）；

　　　γ_c——混凝土的重力密度（kN/m³），取 24.00 kN/m³；

　　　t_0——新浇筑混凝土的初凝时间（h），可按实测确定，当缺乏试验资料时，可采用 $t_0 = 200/(T+15)$ 计算（T 为混凝土的入模温度，取 20℃）；

　　　V——混凝土的浇筑速度（m/h），取 3 m/h；

　　　H——混凝土侧压力计算位置处至新浇筑混凝土顶面的总高度（m），取 4.07 m；

　　　β_1——外加剂影响修正系数，取 1.2；

　　　β_2——混凝土坍落度影响修正系数，取 1.15。

根据以上两个公式计算的新浇筑混凝土对模板的最大侧压力 F，分别为：

$$F=0.22\gamma_c t_0 \beta_1 \beta_2 V^{1/2} = \left(0.22\times24\times\frac{200}{20+15}\times1.2\times1.15\times3^{1/2}\right)\text{kN/m}^2=72.12\text{ kN/m}^2$$
$$F=\gamma_c H=(24\times4.07)\text{kN/m}^2=97.68\text{ kN/m}^2$$

取较小值 72.12 kN/m² 作为计算荷载。

计算中采用新浇筑混凝土侧压力标准值 $G_{4k}=72.12$ kN/m²。

（2）当采用溜槽、串筒或导管时，倾倒混凝土产生的荷载标准值 $Q_{3k}=2.0$ kN/m²。

（3）强度验算要考虑新浇筑混凝土侧压力 G_{4k} 和倾倒混凝土时产生的荷载 Q_{3k}；挠度验算只考虑新浇筑混凝土侧压力 G_{4k}。

①强度验算时的荷载组合设计值：

由可变荷载效应控制的组合：$[(72.12\times1.2+2\times1.4)\times0.9]$kN/m²=80.41 kN/m²。

由永久荷载效应控制的组合：$[(72.12\times1.35+2\times1.4\times0.7)\times0.9]$kN/m² = 89.39 kN/m²。

取强度验算的荷载设计值：89.39 kN/m²。

②挠度验算时的荷载设计值：72.12 kN/m²。

3. 柱模板面板的计算

模板结构构件中的面板属于受弯构件，按简支梁或连续梁计算。本工程中取柱截面宽度 B 方向和 H 方向中竖楞间距最大的面板作为验算对象，进行强度、刚度计算。

由前述参数信息可知，柱截面高度 H 方向竖楞间距最大，计算跨度为 $l_0=238$ mm，且竖楞数为 3,面板为两跨,因此柱截面高度 H 方向面板按均布荷载作用下的两跨连续梁进行计算。

(1)取 1000 mm 宽板带进行计算,板面上面荷载的值即为线荷载的值,其计算简图如图 2-22 所示。

强度验算:89.39 kN/m。

挠度验算:72.12 kN/m。

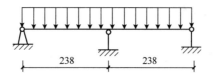

图 2-22　面板计算简图

注:计算简图的简化见图 2-23。

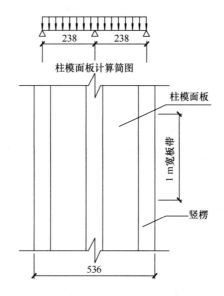

图 2-23　柱模面板受荷正立面图

(2)抗弯强度验算。

$$\sigma=\frac{M}{W}=\frac{Kql_0^2}{W}=\frac{0.125\times89.39\times238^2}{\dfrac{1000\times18^2}{6}}\,\mathrm{N/mm^2}=11.72\ \mathrm{N/mm^2}<f_\mathrm{m}=15\ \mathrm{N/mm^2}$$

满足要求。

(3)抗剪强度验算。

$$\tau=\frac{3Q}{2A}=\frac{3Kql_0}{2A}=\frac{3\times0.625\times89.39\times238}{2\times1000\times18}\,\mathrm{N/mm^2}=1.108\ \mathrm{N/mm^2}<f_\mathrm{v}=1.4\ \mathrm{N/mm^2}$$

满足要求。

(4)挠度验算。

$$\omega = \frac{Kql_0^4}{100EI} = \frac{0.521 \times 72.12 \times 238^4}{100 \times 6000 \times \frac{1000 \times 18^3}{12}} \text{mm} = 0.413 \text{ mm} < \frac{l_0}{400} = \frac{238}{400} \text{mm} = 0.595 \text{ mm}$$

满足要求。

4. 竖楞枋木的计算

竖楞采用枋木，截面尺寸 $b \times h = 60 \text{ mm} \times 90 \text{ mm}$，长度为 1500 mm。考虑 B 方向和 H 方向布置相同，但明显 H 方向的竖楞承受荷载较大，故仅验算 H 方向的中部竖楞。

本工程柱模板计算高度为 4.07 m，竖楞的计算跨度（柱箍间距）$l = 300 \text{ mm}$，考虑竖楞枋木的实际长度，竖楞跨数大于三跨，因此按均布荷载作用下的三跨连续梁计算。计算简图如图 2-24 所示。

强度验算：22.35 kN/m。

挠度验算：18.03 kN/m。

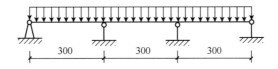

图 2-24　竖楞枋木计算简图

注：计算简图的简化见图 2-25。

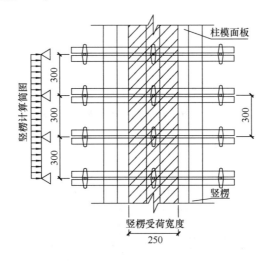

图 2-25　竖楞受荷立面图

（1）荷载计算。

验算强度荷载设计值：$(89.39 \times 0.25) \text{kN/m} = 22.35 \text{ kN/m}$。

验算挠度荷载设计值：$(72.12 \times 0.25) \text{kN/m} = 18.03 \text{ kN/m}$。

注：0.25 m 为中间竖楞的受荷宽度。

（2）抗弯强度验算。

$$\sigma = \frac{M}{W} = \frac{Kql^2}{W} = \frac{0.1 \times 22.35 \times 300^2}{\frac{60 \times 90^2}{6}} \text{ MPa} = 2.48 \text{ MPa} < f_m = 13 \text{ MPa}$$

满足要求。

（3）抗剪强度验算。

$$\tau = \frac{3Q}{2A} = \frac{3Kql}{2A} = \frac{3 \times 0.6 \times 22.35 \times 300}{2 \times 60 \times 90} \text{N/mm}^2 = 1.12 \text{ N/mm}^2 < f_v = 1.3 \text{ N/mm}^2$$

满足要求。

（4）挠度验算。

$$\omega = \frac{Kql^4}{100EI} = \frac{0.677 \times 18.03 \times 300^4}{100 \times 9000 \times \frac{60 \times 90^3}{12}} \text{mm} = 0.03 \text{ mm} < \frac{l}{400} = \frac{300}{400} \text{mm} = 0.75 \text{ mm}$$

满足要求。

5. 柱箍的计算

柱箍采用钢楞，截面类型为圆钢管 $\phi 48 \text{ mm} \times 3.5 \text{ mm}$；考虑 B 方向和 H 方向布置相同，但明显 H 方向柱箍承受荷载较大，故仅验算 H 方向的柱箍。

柱箍为二跨，按集中荷载作用下二等跨连续梁计算，计算跨度（即对拉螺栓间距）：

$$l_0 = \left(\frac{500}{2} + 18 + 90 + \frac{48}{2}\right) \text{mm} = 382 \text{ mm}$$

计算简图如图 2-26 所示。

强度验算：3.35 kN。

挠度验算：2.7 kN。

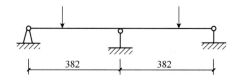

图 2-26 H 方向柱箍计算简图

注：计算简图的简化见图 2-27。

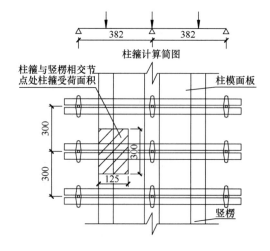

图 2-27 柱箍受荷立面图

注:本工程柱子截面较小,也可以不在柱子中部设对拉螺栓,考虑到初次学习模板设计,故在本算例中设置了对拉螺栓的算法。如果不在柱子中部设对拉螺栓,柱箍则按单跨简支梁计算。

(1)荷载计算。

其中竖楞枋木传递到柱箍的集中荷载如下(亦可以简化为满跨布置的均布荷载):

验算强度荷载设计值:$(89.39 \times 0.3 \times 0.125)kN = 3.35 \ kN$。

验算挠度荷载设计值:$(72.12 \times 0.3 \times 0.125)kN = 2.70 \ kN$。

为简化计算,将集中荷载作用点移至跨中。

(2)抗弯强度验算。

$$\sigma = \frac{M}{W} = \frac{KFl}{W} = \frac{0.188 \times 3350 \times 382}{5077} N/mm^2 = 47.39 \ N/mm^2 < f_m = 205 \ N/mm^2$$

满足要求。

(3)抗剪强度验算(可不作验算)。

$$\tau = \frac{2Q}{A} = \frac{2KF}{A} = \frac{2 \times 0.688 \times 3350}{489} N/mm^2 = 9.43 \ N/mm^2 < f_v = 120 \ N/mm^2$$

满足要求。

(4)挠度验算。

$$\omega = \frac{KFl^3}{100EI} = \frac{0.911 \times 2700 \times 382^3}{100 \times 2.06 \times 10^5 \times 1.219 \times 10^5} mm = 0.0546 \ mm < \frac{l}{250} = \frac{382}{250} mm = 1.528 \ mm$$

满足要求。

6. 对拉螺栓的计算

考虑 B 方向和 H 方向布置相同,但明显 H 方向的对拉螺栓承受荷载较大,故仅验算 H 方向中部的对拉螺栓。

对拉螺栓的规格:M12。

3 形扣件的型号:12 型。

计算式如下:

$$N < N_t^b$$

式中:N_t^b——M12 对拉螺栓和 3 形扣件的允许荷载二者中的较小值(kN)。

N——对拉螺栓所受的拉力。

$$N = (89.39 \times 0.3 \times 0.25)kN = 6.704 \ kN < N_t^b = 12 \ kN$$

满足要求。

注:荷载计算的简化见图 2-28。

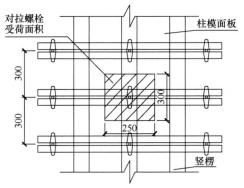

图 2-28 对拉螺栓受荷平面图

(二)梁模板计算

梁施工支模示意如图 2-29 所示。

注:考虑到全国各地支模方式可能不同,在模板设计计算过程中应给出各种构件的支模示意图。

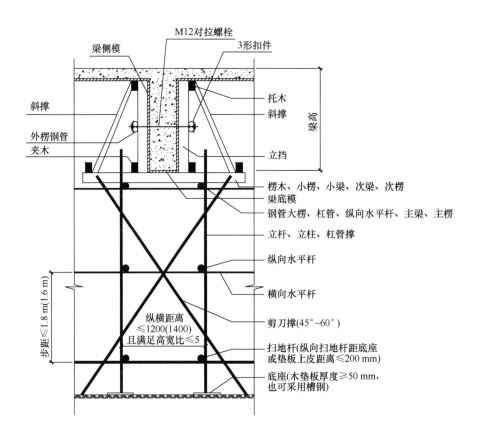

图 2-29 梁施工支模示意图

1. 底模验算

选取模板截面尺寸:$b \times h = 250 \text{ mm} \times 18 \text{ mm}$。

长度:1830 mm。

计算跨度(小楞间距):KL1,300 mm;KL2,350 mm。

按三等跨连续梁计算(也可根据《JGJ 162 规范》的要求,简化为简支梁),计算简图如图 2-30 所示。

(1)荷载计算(仅以 KL1 为例)。

梁底模所受荷载计算详见表 2-14。

强度验算:6.789 kN/m。

挠度验算:5.225 kN/m。

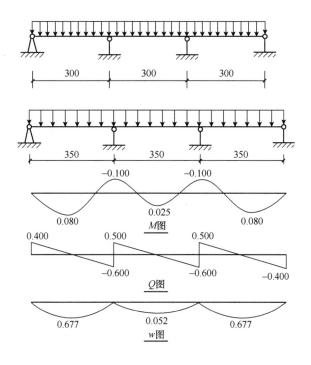

图 2-30 梁底模计算简图与内力及挠度图

注:1. 上述 M、Q 和 w 图中的数字均为系数,从附录 B 中可直接查出,实际 $M=$ 图中系数 $\times ql^2$;$Q=$ 图中系数 $\times ql$;$w=$ 图中系数 $\times ql^4/100EI$。

2. 计算简图的简化见图 2-31。

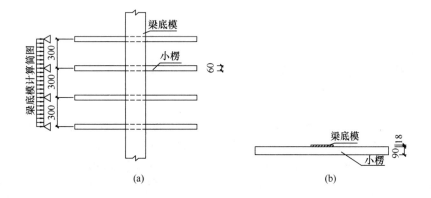

图 2-31 梁底模详图

(a)梁底模平面图;(b)梁底模剖面图

表 2-14　梁底模荷载计算

梁编号	KL1
梁截面	250 mm×800 mm
底模自重标准值 G_{1k}	$(0.25×0.5)kN/m=0.125\ kN/m$
混凝土自重标准值 G_{2k}	$(0.25×0.8×24)kN/m=4.8\ kN/m$
钢筋荷载标准值 G_{3k}	$(0.25×0.8×1.5)kN/m=0.3\ kN/m$
振捣混凝土荷载标准值 Q_{2k}	$(0.25×2)kN/m=0.5\ kN/m$
验算强度时的 q	由可变荷载效应控制的组合： $\{[(0.125+4.8+0.3)×1.2+0.5×1.4]×0.9\}kN/m=6.273\ kN/m$ 由永久荷载效应控制的组合： $\{[(0.125+4.8+0.3)×1.35+0.5×1.4×0.7]×0.9\}kN/m=6.789\ kN/m$ 取 $q=6.789\ kN/m$
验算挠度时的 q	$(0.125+4.8+0.3)kN/m=5.225\ kN/m$

(2)抗弯强度验算。

KL1:250 mm×800 mm

$$\sigma=\frac{M}{W}=\frac{Kql^2}{\dfrac{bh^2}{6}}=\frac{0.100×6.789×300^2}{\dfrac{250×18^2}{6}}N/mm^2=4.526\ N/mm^2<f_m=15\ N/mm^2$$

满足要求。

(3)抗剪强度验算(也可不算)。

$$\tau=\frac{3Q}{2bh}=\frac{3Kql}{2bh}=\frac{3×0.600×6.789×300}{2×250×18}N/mm^2=0.407\ N/mm^2<f_v=1.4\ N/mm^2$$

满足要求。

(4)挠度验算。

$$\omega=\frac{Kql^4}{100EI}=\frac{0.677×5.225×300^4}{100×6000×\dfrac{250×18^3}{12}}mm=0.393\ mm<\frac{l}{400}=\frac{300}{400}mm=0.75\ mm$$

满足要求。

注:从多次"试算"过程可知,要想设计出安全、经济、可行的模板支撑,其计算过程是比较繁琐的,需要经过多次"试算",即反复计算。由于"试算"都是将不同的数据套用同样的公式,因此,若利用 Excel 程序进行计算,则可以通过程序自带的公式计算功能,解决上述问题,比手算更快更准确,且各次计算结果一目了然,比较方便设计,表 2-15 即为梁底模的计算过程。Excel 不仅可存放数字、文字,也可存放公式及计算结果等。当单元格中的数值发生变化时,Excel 程序将自动修改这些公式的计算结果。当输入某个工程的设计计算书模式后,也可在其他工程中使用,只需输入新工程的有关数据即可得到新的结果。

表 2-15　梁底模 Excel 计算表格

	弯矩系数 K	q /(kN/m)	跨度 l	M /(N·mm)	b /mm	h /mm	W /mm³	σ /(N/mm²)	f_m /(N/mm²)	
抗弯强度验算	0.1	6.789	300	61 101	250	18	13 500	4.526	15	满足要求
	剪力系数 K	q /(kN/m)	跨度 l	Q /N	b /mm	h /mm	A /mm²	τ /(N/mm²)	f_v /(N/mm²)	
抗剪强度验算	0.6	6.789	300	1222.02	250	18	4500	0.407	1.4	满足要求
	挠度系数 K	q /(kN/m)	跨度 l	E /(N/mm²)	b /mm	h /mm	I /mm⁴	ω /mm	$L/400$ /mm	
挠度验算	0.677	5.225	300	6000	250	18	121 500	0.393	0.75	满足要求

如将小楞的间距由 300 mm 改为 500 mm,其计算表格如表 2-16 所示。

表 2-16　梁底模 Excel 计算表格

	弯矩系数 K	q /(kN/m)	跨度 l	M /(N·mm)	b /mm	h /mm	W /mm³	σ /(N/mm²)	f_m /(N/mm²)	
抗弯强度验算	0.1	6.789	500	169 725	250	18	13 500	12.57	15	满足要求
	剪力系数 K	q /(kN/m)	跨度 l	Q /N	b /mm	h /mm	A /mm²	τ /(N/mm²)	f_v /(N/mm²)	
抗剪强度验算	0.6	6.789	500	2036.7	250	18	4500	0.68	1.4	满足要求
	挠度系数 K	q /(kN/m)	跨度 l	E /(N/mm²)	b /mm	h /mm	I /mm⁴	ω /mm	$L/400$ /mm	
挠度验算	0.677	5.225	500	6000	250	18	121 500	3.03	1.25	不满足要求

由此可以看出,如采用 Excel 程序进行试算,很方便看出抗弯强度和刚度不满足要求,因此可以得出梁底模的小楞布置不合适,应修改布置,重新计算。

2. 小楞验算

选取楞木截面尺寸:$b \times h = 60$ mm $\times 90$ mm。

长度:1500 mm。

计算跨度(立杆横距):KL1,$l_{b1} = 1000$ mm;KL2,$l_{b2} = 1000$ mm。

按简支梁计算,计算简图如图 2-32 所示。

强度验算:8.147 kN/m。

挠度验算:6.27 kN/m。

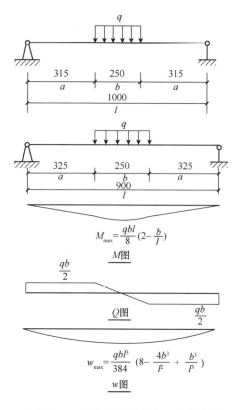

图 2-32 小楞计算简图与内力及挠度图

注:计算简图的简化见图 2-33。

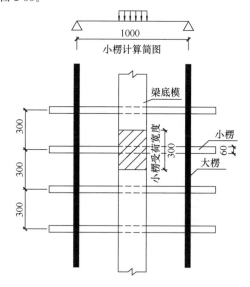

图 2-33 小楞受荷平面图

(1)荷载计算。

验算强度荷载设计值:$q = \dfrac{6.789 \times 300}{250}$ kN/m $= 8.147$ kN/m。

验算挠度荷载设计值：$q = \dfrac{5.225 \times 300}{250} \text{kN/m} = 6.27 \text{ kN/m}$。

（2）抗弯强度验算。

$$\sigma = \frac{M}{W} = \frac{\dfrac{qbl}{8}\left(2 - \dfrac{b}{l}\right)}{W} = \frac{\dfrac{8.147 \times 250 \times 1000}{8} \times \left(2 - \dfrac{250}{1000}\right)}{\dfrac{60 \times 90^2}{6}} \text{N/mm}^2$$

$$= 5.50 \text{ N/mm}^2 < f_{\mathrm{m}} = 13 \text{ N/mm}^2$$

满足要求。

（3）抗剪强度验算。

$$\tau = \frac{3Q}{2A} = \frac{3Kqb}{2A} = \frac{3 \times 0.5 \times 8.147 \times 250}{2 \times 60 \times 90} \text{N/mm}^2 = 0.283 \text{ N/mm}^2 < f_{\mathrm{v}} = 1.3 \text{ N/mm}^2$$

满足要求。

（4）挠度验算。

$$\omega = \frac{qbl^3}{384EI}\left(8 - \frac{4b^2}{l^2} + \frac{b^3}{l^3}\right) = \left[\frac{6.27 \times 250 \times 1000^3}{384 \times 9000 \times \dfrac{60 \times 90^3}{12}} \times \left(8 - \frac{4 \times 250^2}{1000^2} + \frac{250^3}{1000^3}\right)\right] \text{mm}$$

$$= 0.966 \text{ mm} < \frac{l}{400} = \frac{1000}{400} \text{mm} = 2.5 \text{ mm}$$

满足要求。

3. 钢管大楞验算

选取钢管 $\phi 8 \text{ mm} \times 3.5 \text{ mm}$，钢管大楞跨度（即立杆纵距）取 1000 mm 计，按三等跨连续梁计算。枋木小楞间距为 300 mm，作用在钢管上的集中荷载间距均按 330 mm 作近似简化计算，其计算简图如图 2-34 所示。另外，还应考虑到荷载的最不利布置，近似认为图 2-35 所示情况可以求得最大的支座负弯矩。

强度验算：1018 N。

挠度验算：783.75 N。

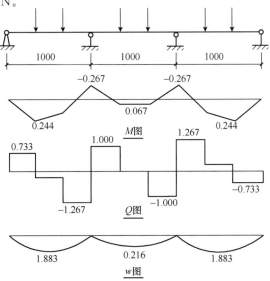

图 2-34　大楞计算简图与内力及挠度图

注:1. 上述 M、Q 和 w 图中的数字均为系数,从附录 B 中可直接查出,实际 M＝图中系数×Fl;Q＝图中系数×F;w＝图中系数×Fl^3/$100EI$。

2. 计算简图的简化见图 2-35。

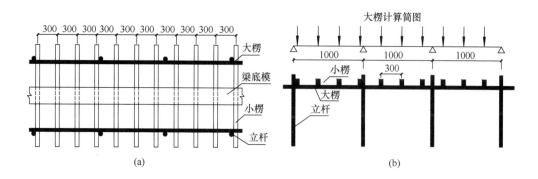

图 2-35 钢管大楞详图

(a)大楞受荷平面图;(b)大楞受荷立面图

3. 模板设计计算只是一个验算承载力的过程,在精确计算遇到困难时,可以简化,简化到一种保守的状态,只要在保守状态验算通过,则实际情况肯定能满足工程中的安全承载和变形的要求。

4. 本次对作用在钢管上的集中荷载间距均按 330 mm 作近似简化的原因:

(1)如不简化,则每跨的荷载作用位置都不同,其布置如图 2-36 所示,而且无法确定最不利荷载作用位置;

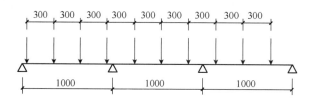

图 2-36 钢管大楞实际承受荷载计算简图

(2)本次简化偏于保守是切实可行的;

(3)采用上述简化后,可以简化计算;

(4)当考虑荷载的最不利布置时,将两个集中力简化至跨中,如图 2-34 所示。这样就可以直接利用附录 B 中的系数,直接求出大楞的内力和挠度。

5. 另外,还可以进行如下简化:对于钢管大楞,当楞木的间距不大于 400mm 或大楞每跨的集中荷载个数较多时,一般不少于 3 个,可近似按均布荷载作用下的多跨连续梁计算,此时,把小楞传来的集中荷载除以小楞间距即得均布荷载,即 $q=\dfrac{F\times\dfrac{1000}{300}}{1000}=\dfrac{F}{300}$。

6. 如果要精确求出钢管大楞的内力和挠度,可用电算软件结构力学求解器来求解内力和变形。在学习过结构力学课程后很容易学会结构力学求解器软件的操作。如图 2-37 所示是启动软件后的工作界面。

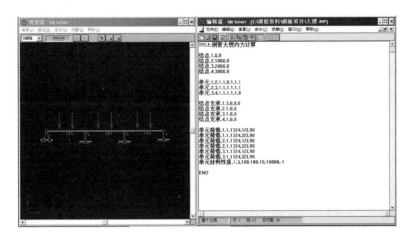

图 2-37　结构力学求解器工作界面

大楞的弯矩如图 2-38 所示。

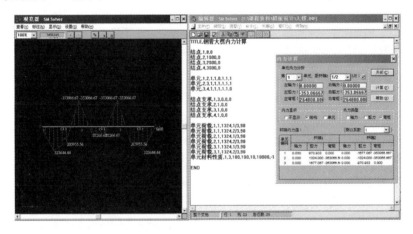

图 2-38　结构力学求解器所求的钢管大楞弯矩图

(1)荷载计算。

验算强度时,$F=\dfrac{8.147\times250}{2}N=1018$ N。

验算挠度时,$F=\dfrac{6.27\times250}{2}N=783.75$ N。

(2)抗弯强度验算。

$$\sigma=\frac{M}{W}=\frac{KFl}{W}=\frac{0.267\times1018\times1000}{5077}\text{N/mm}^2=53.54\ \text{N/mm}^2<f_{\text{m}}=205\ \text{N/mm}^2$$

满足要求。

(3)抗剪强度验算(可不验算)。

$$\tau=\frac{2Q}{A}=\frac{2KF}{A}=\frac{2\times1.267\times1018}{489}\text{N/mm}^2=5.275\ \text{N/mm}^2<f_{\text{v}}=120\ \text{N/mm}^2$$

满足要求。

(4)挠度验算。

$$\omega = \frac{KFl^3}{100EI} = \frac{1.883 \times 783.75 \times 1000^3}{100 \times 2.06 \times 10^5 \times 1.219 \times 10^5} \text{mm} = 0.588 \text{ mm} < \frac{l}{400} = \frac{1000}{400} \text{mm} = 2.5 \text{ mm}$$

满足要求。

4. 扣件抗滑移验算

直角扣件、旋转扣件的单扣件抗滑承载力设计值 $R_c = 8$ kN。

以 KL1:250 mm×800 mm 为例,由钢管大楞传给每根立柱的力近似为:

$$R = (1018 \times 3) \text{N} = 3054 \text{ N} = 3.054 \text{ kN} < R_c = 8 \text{ kN}$$

满足要求。

注:3 为小楞通过大楞、扣件最终传给立杆的集中荷载的个数。

5. 立杆的稳定性计算

水平杆步距为 1600 mm,钢管:$\phi 8 \text{ mm} \times 3.5 \text{ mm}$。

立杆的稳定性计算公式为:

$$\frac{N_{ut}}{\varphi A K_H} \leqslant f$$

式中:N_{ut}——计算立杆段的轴向力设计值(N);

φ——轴心受压立杆的稳定系数,应根据长细比 λ 由附录 C 采用;

λ——长细比,$\lambda = \frac{l_0}{i} \leqslant 210$;

l_0——立杆计算长度(mm);

i——截面回转半径(mm),按附录 A 采用,取 15.8 mm;

A——立杆的截面面积(mm^2),按附录 A 采用,取 489 mm^2;

K_H——高度调整系数;

f——钢材的抗压强度设计值(N/mm^2),按表 2-7 采用,取 205 N/mm^2。

(1)钢管大楞传给每根立柱的力:$N_1 = 3.054$ kN。

支架自重:$N_2 = (1.2 \times 0.15 \times 4.5 \times 0.9) \text{kN} = 0.729 \text{ kN}$。

立杆段的轴向力设计值:$N_{ut} = (3.054 + 0.729) \text{kN} = 3.783 \text{ kN}$。

(2)立杆计算长度 l_0 应按下列表达式计算的结果取最大值:

$$l_0 = h + 2a$$
$$l_0 = k\mu h$$

式中:h——立杆步距(mm),取 1600 mm;

a——模板支架立杆伸出顶层横向水平杆中心线至模板支撑点的长度(mm),取 300 mm;

k——计算长度附加系数,按附录 D 计算,取 1.163;

μ——考虑支架整体稳定因素的单杆等效计算长度系数,按附录 D 采用。

l_a——立杆纵距(m),取 1 m;

l_b——立杆横距(m),取 1 m。

$h/l_a = \frac{1.6}{1} = 1.6$;$h/l_b = \frac{1.6}{1} = 1.6$。查附表 D-1 得,$\mu = 1.473$。

$$l_{01} = h + 2a = (1600 + 2 \times 300) \text{mm} = 2200 \text{ mm}$$
$$l_{02} = k\mu h = (1.163 \times 1.473 \times 1600) \text{mm} = 2741 \text{ mm}$$

取最大值,$l_0 = 2741$ mm。

(3)长细比:$\lambda = \dfrac{l_0}{i} = \dfrac{2741}{15.8} = 173.48 < [\lambda] = 210$。

(4)查附录 C 得,线性插值 $\varphi = 0.236$。

(5)当模板支架高度超过 4 m 时,应采用高度调整系数 K_H 对立杆的稳定承载力进行调降,按下式计算:

$$K_H = \frac{1}{1+0.005\times(H-4)} = \frac{1}{1+0.005\times(4.5-4)} = 0.998$$

(6)立杆稳定性验算:

$$\frac{N_{ut}}{\varphi A K_H} = \frac{3783}{0.236\times489\times0.998}\ \text{N/mm}^2 = 32.846\ \text{N/mm}^2 \leqslant f = 205\ \text{N/mm}^2$$

满足要求。

注:按《DB 45/T 618 规范》中的规定,可以不做立杆稳定性计算。

6. 侧模验算

以 KL1:250 mm×800 mm 为例。

梁侧模截面尺寸采用 $b\times h = 710\ \text{mm}\times18\ \text{mm}$,长度为 1830 mm,立挡采用 60 mm× 90 mm 枋木条立放,间距与小楞相同,即侧模计算跨度为 300 mm。

1)荷载计算

(1)混凝土侧压力标准值 G_{4k}:

$$F = 0.22\gamma_c t_0 \beta_1 \beta_2 V^{1/2} = \left(0.22\times24\times\frac{200}{20+15}\times1.2\times1.2\times2^{\frac{1}{2}}\right)\text{kN/m}^2 = 61.44\ \text{kN/m}^2$$

$$F = \gamma_c H = (24\times0.8)\text{kN/m}^2 = 19.2\ \text{kN/m}^2$$

经计算且取较小值后得 KL1:250 mm×900 mm 梁的侧模荷载标准值 G_{4k} 为 19.2 kN/m^2,且有效压头高度为 $h = \dfrac{F}{\gamma_c} = \dfrac{19.2}{24}\text{m} = 0.8\ \text{m}$。

(2)振捣混凝土时产生的荷载标准值 Q_{2k} 为 4 kN/m^2,则强度验算荷载设计值为:

由可变荷载效应控制的组合:$[0.9\times(19.2\times1.2+4\times1.4)]\text{kN/m}^2 = 25.776\ \text{kN/m}^2$。

由永久荷载效应控制的组合:$[0.9\times(19.2\times1.35+4\times1.4\times0.7)]\text{kN/m}^2 = 26.856\ \text{kN/m}^2$。

故强度验算荷载设计值取为 26.856 kN/m^2。

挠度验算荷载设计值为 19.2 kN/m^2。

2)侧模面板验算

按三等跨连续梁计算(也可按简支梁计算),其计算简图如图 2-39 所示。

强度验算:19.07 kN/m。

挠度验算:13.63 kN/m。

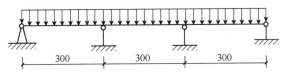

图 2-39 侧模面板计算简图

注:计算简图的简化见图 2-40。

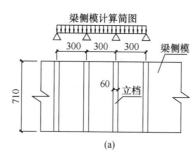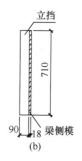

图 2-40　梁侧模受荷图

(a)梁侧模立面图；(b)梁侧模剖面图

(1)荷载计算。

验算强度荷载设计值：$q=(26.856×0.71)\text{kN/m}=19.07\ \text{kN/m}$。

挠度强度荷载设计值：$q=(19.2×0.71)\text{kN/m}=13.63\ \text{kN/m}$。

(2)抗弯强度验算。

线荷载：

$$\sigma=\frac{M}{W}=\frac{Kql^2}{W}=\frac{0.100×19.07×300^2}{\dfrac{710×18^2}{6}}\text{kN/m}=4.48\ \text{N/mm}^2<f_\text{m}=15\ \text{N/mm}^2$$

满足要求。

(3)抗剪强度验算(也可不验算)。

$$\tau=\frac{3Q}{2A}=\frac{3Kql}{2A}=\frac{3×0.600×19.07×300}{2×710×18}\text{N/mm}^2=0.403\ \text{N/mm}^2<f_\text{v}=1.4\ \text{N/mm}^2$$

满足要求。

(4)挠度验算。

$$\omega=\frac{Kql^4}{100EI}=\frac{0.677×13.63×300^4}{100×6000×\dfrac{710×18^3}{12}}\text{mm}=0.361\ \text{mm}<\frac{l}{400}=\frac{300}{400}\text{mm}=0.75\ \text{mm}$$

满足要求。

3)立挡验算

以 KL1 为例。

梁高大于 700 mm 时，应采用对拉螺栓在梁侧中部设置通长横楞，用螺栓紧固。故根据实际布置，立挡按两等跨连续梁计算，其计算简图如图 2-41 所示。

强度验算：8.057 kN/m。

挠度验算：5.76 kN/m。

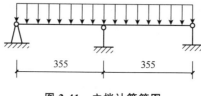

图 2-41　立挡计算简图

注：1. 此处计算跨度 355 mm 比实际情况偏大，亦可根据实际情况取支座中心线之间的距离。

2. 计算简图的简化见图 2-42。

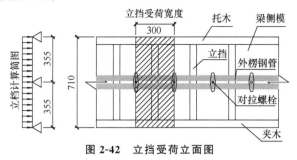

图 2-42 立挡受荷立面图

（1）抗弯强度验算。

转化为线荷载：

$$q=(26.858\times0.30)\mathrm{kN/m}=8.057\ \mathrm{kN/m}$$

$$\sigma=\frac{M}{W}=\frac{Kql^2}{W}=\frac{0.125\times8.057\times355^2}{\dfrac{60\times90^2}{6}}\mathrm{N/mm^2}=1.567\ \mathrm{N/mm^2}<f_{\mathrm m}=13\ \mathrm{N/mm^2}$$

满足要求。

（2）抗剪强度验算。

$$\tau=\frac{3Q}{2A}=\frac{3Kql}{2A}=\frac{3\times0.625\times8.057\times355}{2\times60\times90}\mathrm{N/mm^2}=0.497\ \mathrm{N/mm^2}<f_{\mathrm v}=1.3\ \mathrm{N/mm^2}$$

满足要求。

（3）挠度验算。转化为线荷载：

$$q=(19.2\times0.3)\mathrm{kN/m}=5.76\ \mathrm{kN/m}$$

$$\omega=\frac{Kql^4}{100EI}=\frac{0.521\times5.76\times355^4}{100\times9000\times\dfrac{60\times90^3}{12}}\mathrm{mm}=0.0145\ \mathrm{mm}<\frac{l}{400}=\frac{355}{400}\mathrm{mm}=0.8875\ \mathrm{mm}$$

满足要求。

4）外楞钢管验算

本工程仅 KL1：250 mm×800 mm 需设置外楞钢管，KL2：250 mm×500 mm 的梁无外楞，直接用压脚枋木和斜撑支撑。

KL1 的对拉螺栓沿梁长方向的距离（即外楞钢管的计算跨度）为 300 mm（与立挡等间距），按三等跨连续梁计算，考虑到荷载的最不利布置，把立挡传来的荷载简化至每跨的跨中，其计算简图如图 2-43 所示。

强度验算：1430.1 N。

挠度验算：1022.4 N。

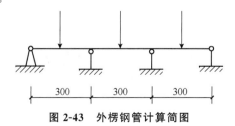

图 2-43 外楞钢管计算简图

注：计算简图的简化见图 2-44。

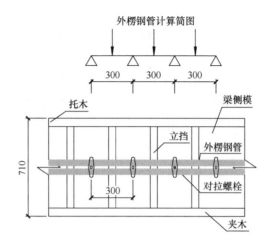

图 2-44 外楞钢管受荷平面图

(1)荷载计算。

强度验算荷载设计值：$F=(8.057\times355/2)\text{N}=1430.1\text{ N}$。

挠度验算荷载设计值：$F=(5.76\times355/2)\text{N}=1022.4\text{ N}$。

(2)抗弯强度验算。

$$\sigma=\frac{M}{W}=\frac{KFL}{W}=\frac{0.175\times1430.1\times300}{5077}\text{N/mm}^2=14.79\text{ N/mm}^2<f_{\text{m}}=205\text{ N/mm}^2。$$

满足要求。

(3)挠度验算。

$$\omega=\frac{KFl^3}{100EI}=\frac{1.146\times1022.4\times355^3}{100\times2.06\times10^5\times1.219\times10^5}\text{mm}=0.0209\text{ mm}<\frac{l}{400}=\frac{300}{400}\text{mm}=0.75\text{ mm}$$

满足要求。

5)对拉螺栓及 3 形扣件验算

仅以 KL1 为例。

沿梁高方向设对拉螺栓一道，对拉螺栓直径 12 mm，对拉螺栓在垂直于梁截面方向距离（即沿梁长方向的距离）为 300 mm。

$$N=F_{\text{ab}}=(26.856\times0.71\times0.5\times0.3\times0.95/0.9)\text{kN}=3.02\text{ kN}$$

小于 M12 螺栓的容许拉力 $N_{\text{t}}^b=12.9\text{ kN}$，小于配套 3 形扣件的容许荷载 12 kN，满足要求。

注:计算简图的简化详见图 2-45。

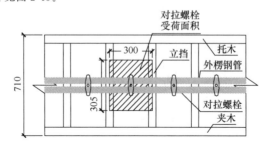

图 2-45 对拉螺栓受荷平面图

(三)楼板模板计算

楼板厚度 90 mm,满堂架用 $\phi48$ mm×3.5 mm 钢管搭设。小楞选用 60 mm×90 mm 枋木,间距为 450 mm,大楞间距为 1000 mm,立杆纵横向间距均为 1000 mm。

模板支架四边满布竖向剪刀撑,中间每隔三排立杆设置一道纵、横向竖向剪刀撑,每道竖直剪刀撑均为全高全长设置;从封顶杆开始并往下每不大于 4.5 m 设一道水平剪刀撑,每道水平剪刀撑均为全平面设置。

楼板施工支模示意如图 2-46 所示。

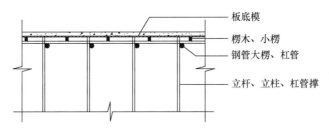

图 2-46　楼板模板施工支模示意图

1. 荷载计算

板模板体系所受荷载计算详见表 2-17。

表 2-17　板模板体系荷载计算

模板自重标准值 G_{1k}		0.5 kN/m²
混凝土自重标准值 G_{2k}		(24×0.09)kN/m²=2.16 kN/m²
钢筋自重标准值 G_{3k}		(1.1×0.09)kN/m²=0.1 kN/m²
施工人员及施工设备荷载标准值 Q_{1k}	验算底模、小楞时	对均布荷载取 2.5 kN/m², 另应以集中荷载 2.5 kN 再进行验算
	验算大楞时	取均布荷载 1.5 kN/m²
	验算立杆时	取均布荷载 1.0 kN/m²

(1)验算强度荷载设计值。

板模板体系验算强度时的荷载组合设计值详见表 2-18。

表 2-18　板模板体系验算强度时的荷载组合设计值

验算底模、小楞时 (此处仅考虑均 布荷载作用下)	由可变荷载效应控制的组合: {[(0.5+2.16+0.1)×1.2+2.5×1.4]×0.9}kN/m²=6.13 kN/m² 由永久荷载效应控制的组合: {[(0.5+2.16+0.1)×1.35+2.5×1.4×0.7]×0.9}kN/m²=5.56 kN/m² 故取 q=6.13kN/m²

验算大楞时	由可变荷载效应控制的组合： $\{[(0.5+2.16+0.1)\times1.2+1.5\times1.4]\times0.9\}kN/m^2=4.87\ kN/m^2$ 由永久荷载效应控制的组合： $\{[(0.5+2.16+0.1)\times1.35+1.5\times1.4\times0.7]\times0.9\}kN/m^2=4.68\ kN/m^2$ 故取 $q=4.87\ kN/m^2$
验算立杆时	由可变荷载效应控制的组合： $\{[(0.5+2.16+0.1)\times1.2+1.0\times1.4]\times0.9\}kN/m^2=4.24\ kN/m^2$ 由永久荷载效应控制的组合： $\{[(0.5+2.16+0.1)\times1.35+1.0\times1.4\times0.7]\times0.9\}kN/m^2=4.23\ kN/m^2$ 故取 $q=4.24\ kN/m^2$

(2)验算挠度荷载设计值：$(0.5+2.16+0.1)kN/m^2=2.76\ kN/m^2$。

2. 底模验算

按三等跨连续梁计算(也可按简支梁计算)。

取 1000 mm 宽板带进行计算,其计算简图如图 2-47 所示。

强度验算：6.13 kN/m。

挠度验算：2.76 kN/m。

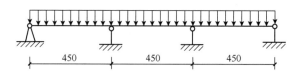

图 2-47　板底模计算简图

注：计算简图的简化见图 2-48。

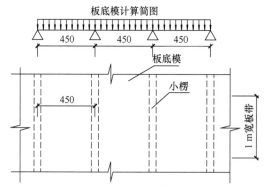

图 2-48　板底模平面图

(1)抗弯强度验算。

$$\sigma=\frac{M}{W}=\frac{Kql^2}{W}=\frac{0.100\times6.13\times450^2}{\dfrac{1000\times18^2}{6}}N/mm^2=2.299\ N/mm^2<f_m=15\ N/mm^2$$

满足要求。

（2）抗剪强度验算（一般不需要）。

（3）挠度验算。

$$\omega=\frac{Kql^4}{100EI}=\frac{0.677\times2.76\times450^4}{100\times6000\times\dfrac{1000\times18^3}{12}}\text{mm}=0.263\text{ mm}<\frac{l}{400}=\frac{450}{400}\text{mm}=1.125\text{ mm}$$

满足要求。

注：在《JGJ 162 规范》中，对于验算底模、小楞时，施工人员及施工设备荷载标准值 Q_{1k}，对均布荷载取 2.5 kN/m²，另应以集中荷载 2.5 kN 再进行验算，比较两者所得的弯矩值，按其中较大者采用。如按此条要求，计算过程如下：

（1）抗弯强度验算。

施工人员及施工设备荷载标准值 Q_{1k}，应考虑均布荷载取 2.5 kN/m² 及跨中集中荷载 2.5 kN 两种情况分别作用：

①均布荷载作用下：

$$M_1=\frac{1}{8}ql^2=\left(\frac{1}{8}\times6.13\times0.45^2\right)\text{kN}\cdot\text{m}=0.155\text{ kN}\cdot\text{m}$$

②集中荷载作用下：

楼板自重线荷载设计值：$q_2=(0.9\times1.2\times0.5)\text{kN/m}=0.54\text{ kN/m}$。

跨中集中荷载设计值：$P=(0.9\times1.4\times2.5)\text{kN}=3.15\text{ kN}$。

$$M_2=\frac{1}{8}q_2l^2+\frac{Pl}{4}=\left(\frac{1}{8}\times0.54\times0.45^2+\frac{3.15\times0.45}{4}\right)\text{kN}\cdot\text{m}=0.368\text{ kN}\cdot\text{m}$$

由于 $M_2>M_1$，应采用 M_2 验算抗弯强度。

$$\sigma=\frac{M}{W}=\frac{M_2}{W}=\frac{0.368\times10^6}{\dfrac{1000\times18^2}{6}}\text{N/mm}^2=6.81\text{ N/mm}^2<f_m=15\text{ N/mm}^2$$

满足要求。

（2）抗剪强度验算（一般不需要）。

（3）挠度验算。

$$\omega=\frac{Kql^4}{100EI}=\frac{0.677\times2.76\times450^4}{100\times6000\times\dfrac{1000\times18^3}{12}}\text{mm}=0.263\text{ mm}<\frac{l}{400}=\frac{450}{400}\text{mm}=1.125\text{ mm}$$

满足要求。

3. 小楞验算

选用 60 mm×90 mm 枋木，长度为 1500 mm，计算跨度（即大楞间距）$l_0=1000$ mm，按简支梁计算，其计算简图如图 2-49 所示。

强度验算：2.7585 kN/m。

挠度验算：1.242 kN/m。

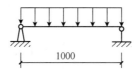

图 2-49 小楞计算简图

注：计算简图的简化见图 2-50。

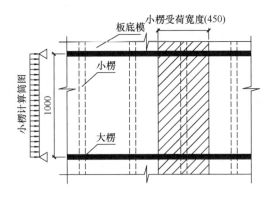

图 2-50　小楞受荷平面图

（1）荷载计算。

验算强度荷载设计值：$q = (6.13 \times 0.45) \text{kN/m} = 2.7585 \text{ kN/m}$。

挠度强度荷载设计值：$q = (2.76 \times 0.45) \text{kN/m} = 1.242 \text{ kN/m}$。

（2）抗弯强度验算。

$$\sigma = \frac{M}{W} = \frac{\frac{1}{8}ql^2}{W} = \frac{\frac{1}{8} \times 2.7585 \times 1000^2}{\frac{60 \times 90^2}{6}} \text{N/mm}^2 = 4.257 \text{ N/mm}^2 < f_m = 13 \text{ N/mm}^2$$

满足要求。

（3）抗剪强度验算。

$$\tau = \frac{3Q}{2A} = \frac{3Kql}{2A} = \frac{3 \times 0.5 \times 2.7585 \times 1000}{2 \times 60 \times 90} \text{N/mm}^2 = 0.383 \text{ N/mm}^2 < f_v = 1.3 \text{ N/mm}^2$$

满足要求。

（4）挠度验算。

$$\omega = \frac{5ql^4}{384EI} = \frac{5 \times 1.242 \times 1000^4}{384 \times 9000 \times \frac{60 \times 90^3}{12}} \text{mm} = 0.493 \text{ mm} < \frac{l}{400} = \frac{1000}{400} \text{mm} = 2.5 \text{ mm}$$

满足要求。

注：在《JGJ 162 规范》中，验算底模、小楞时，施工人员及施工设备荷载标准值 Q_{1k}，对均布荷载取 2.5 kN/m²，另应以集中荷载 2.5 kN 再进行验算，比较两者所得的弯矩值，按其中较大者采用。如按此条要求，计算过程如下：

（1）抗弯强度验算。

施工人员及施工设备荷载标准值 Q_{1k}，应考虑均布荷载取 2.5 kN/m² 及跨中集中荷载 2.5 kN 两种情况分别作用。

①均布荷载作用下：

$$M_1 = \left(\frac{1}{8}ql^2 = \frac{1}{8} \times 2.7585 \times 1000^2\right) \text{N} \cdot \text{mm} = 344\,812.5 \text{ N} \cdot \text{mm}$$

②集中荷载作用下：

小楞自重线荷载设计值：$q = (0.9 \times 1.2 \times 0.0351) \text{N/mm} = 0.038 \text{ N/mm}$。

跨中集中荷载设计值：$P = (0.9 \times 1.4 \times 2.5) \text{kN} = 3.15 \text{ kN} = 3150 \text{ N}$。

$$M_2 = \frac{1}{8}ql^2 + \frac{Pl}{4} = \left(\frac{1}{8} \times 0.038 \times 1000^2 + \frac{3150 \times 1000}{4}\right) \text{N} \cdot \text{mm} = 792\,239 \text{ N} \cdot \text{mm}$$

由于 $M_2 > M_1$，应采用 M_2 验算抗弯强度。

$$\sigma = \frac{M}{W} = \frac{M_2}{W} = \frac{792\ 239}{\frac{1000 \times 18^2}{6}} \text{N/mm}^2 = 9.78\ \text{N/mm}^2 < f_m = 15\ \text{N/mm}^2$$

满足要求。

（2）抗剪强度验算。

①均布荷载作用下：$Q_1 = \frac{1}{2}ql = \left(\frac{1}{2} \times 2.7585 \times 1000\right) \text{N} = 1379.25\ \text{N}$

②集中荷载作用下：$Q_2 = \frac{1}{2}ql + \frac{p}{2} = \left(\frac{1}{2} \times 0.038 \times 1000 + \frac{3150}{2}\right) \text{N} = 1594\ \text{N}$

由于 $Q_2 > Q_1$，应采用 Q_2 验算抗弯强度。

$$\tau = \frac{3Q}{2A} = \frac{3Q_2}{2A} = \left(\frac{3 \times 1594}{2 \times 60 \times 90}\right) \text{N/mm}^2 = 0.44\ \text{N/mm}^2 < f_v = 1.3\ \text{N/mm}^2$$

满足要求。

（3）挠度验算

$$\omega = \frac{5ql^4}{384EI} = \frac{5 \times 1.242 \times 1000^4}{384 \times 9000 \times \frac{60 \times 90^3}{12}} \text{N/mm}^2 = 0.493\ \text{mm} < \frac{l}{400} = \frac{1000}{400}\text{mm} = 2.5\ \text{mm}$$

满足要求。

4. 大楞验算

选取钢管 $\phi8$ mm×3.5 mm，钢管大楞跨度（即立杆间距）取 1000 mm 计，按三等跨连续梁计算，其计算简图如图 2-51 所示。

强度验算：2.1915 kN。

挠度验算：1.242 kN。

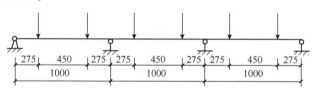

图 2-51　大楞计算简图

注：计算简图的简化见图 2-52。

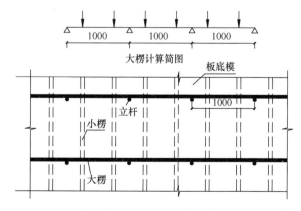

图 2-52　大楞受荷平面图

(1)荷载计算(作用在钢管上的集中力)。

强度验算时集中荷载设计值:$F=(4.87×0.45×1)\text{kN}=2.1915 \text{ kN}$。

挠度验算时集中荷载设计值:$F=(2.76×0.45×1)\text{kN}=1.242 \text{ kN}$。

(2)抗弯强度验算(此处在计算弯矩时存在简化)。

$$\sigma=\frac{M}{W}=\frac{KFl}{W}=\frac{0.267×2.1915×10^3×1000}{5077}\text{N/mm}^2=115.25 \text{ N/mm}^2<f_m=205 \text{ N/mm}^2$$

满足要求。

(3)挠度验算。

$$\omega=\frac{KFl^3}{100EI}=\frac{1.883×1.242×10^3×1000^3}{100×206\,000×121\,900}\text{mm}=0.9313 \text{ mm}<\frac{l}{400}=\frac{1000}{400}\text{mm}=2.5 \text{ mm}$$

满足要求。

5. 扣件抗滑移验算

钢管为 $\phi48 \text{ mm}×3.5 \text{ mm}$,钢管立柱间距为 1000 mm。

直角扣件、旋转扣件的单扣件抗滑承载力设计值 $R_c=8 \text{ kN}$。

由钢管大楞传给每根立柱的力 $R=(4.24×1×1)\text{kN}=4.24 \text{ kN}<R_c=8 \text{ kN}$,满足要求。

注:计算简图的简化详见图 2-53。

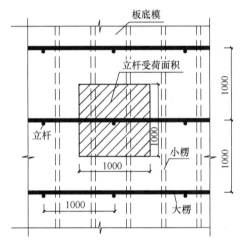

图 2-53 扣件或立杆受荷平面图

6. 立杆的稳定性计算

水平杆步距为 1600 mm,钢管为 $\phi48 \text{ mm}×3.5 \text{ mm}$。

立杆的稳定性计算式为:

$$\frac{N_{ut}}{\varphi A K_H}\leqslant f$$

式中:N_{ut}——计算立杆段的轴向力设计值(N);

φ——轴心受压立杆的稳定系数,应根据长细比 λ 由附录 C 采用,

λ——长细比,$\lambda=\frac{l_0}{i}\leqslant210$;

l_0——立杆计算长度(mm)；

i——截面回转半径(mm)，按附录 A 采用，取 15.8 mm；

A——立杆的截面面积(mm^2)，按附录 A 采用，取 489 mm^2；

K_H——高度调整系数；

f——钢材的抗压强度设计值(N/mm^2)，按表 2-7 采用，取 205 N/mm^2。

(1)钢管大楞传给每根立柱的力：$N_1 = 4.24$ kN。

支架自重：$N_2 = (1.2 \times 0.15 \times 4.5 \times 0.9)kN= 0.729$ kN。

立杆段的轴向力设计值：$N_{ut} = (4.24 + 0.729)$kN$= 4.969$ kN。

(2)立杆计算长度 l_0 应按下列表达式计算的结果取最大值：

$$l_0 = h + 2a$$

$$l_0 = k\mu h$$

式中：h——立杆步距(mm)，取 1600 mm；

a——模板支架立杆伸出顶层横向水平杆中心线至模板支撑点的长度(mm)，取 300 mm；

k——计算长度附加系数，按附录 D 计算，取 1.163；

μ——考虑支架整体稳定因素的单杆等效计算长度系数，按附录 D 采用。

l_a——立杆纵距(m)，取 1.0 m。

l_b——立杆横距(m)，取 1.0 m。

$h/l_a = \dfrac{1.6}{1} = 1.6$，$h/l_b = \dfrac{1.6}{1.0} = 1.6$。查附表 D-1 得，$\mu = 1.473$。

$$l_{01} = h + 2a = (1600 + 2 \times 300)\text{mm} = 2200 \text{ mm}$$

$$l_{02} = k\mu h = (1.163 \times 1.473 \times 1600)\text{mm} = 2741 \text{ mm}$$

取最大值：$l_0 = 2741$ mm。

(3)长细比：$\lambda = \dfrac{l_0}{i} = \dfrac{2741}{15.8} = 173.5 < [\lambda] = 210$。

(4)查附录 C 得，线性插值 $\varphi = 0.236$。

(5)当模板支架高度超过 4 m 时，应采用高度调整系数 K_H 对立杆的稳定承载力进行调降，按下式计算：

$$K_H = \frac{1}{1 + 0.005(H-4)} = \frac{1}{1 + 0.005 \times (4.5-4)} = 0.998$$

(6)立杆稳定性验算：

$$\frac{N_{ut}}{\varphi A K_H} = \frac{4969}{0.236 \times 489 \times 0.998} \text{N/mm}^2 = 43.15 \text{ N/mm}^2 \leqslant f = 205 \text{ N/mm}^2$$

满足要求。

注：按《DB 45/T 618 规范》中的规定，可以不做立杆稳定性计算。

十　模板支架立杆平面布置图

根据计算结果,本工程模板工程配模施工图如图 2-54～图 2-59 所示。

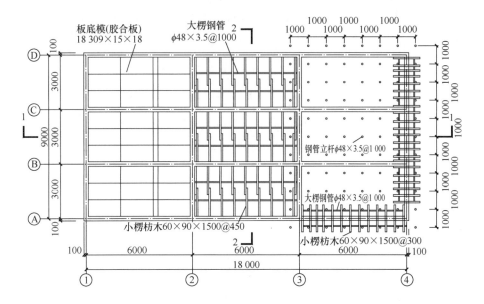

图 2-54　某仓库工程模板体系结构平面布置图

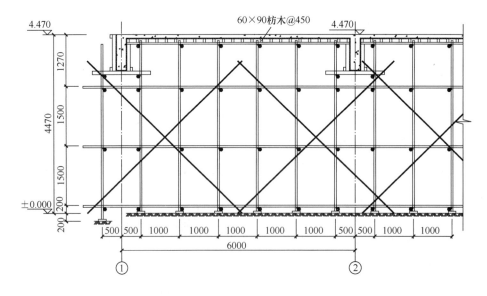

图 2-55　1—1 剖面图

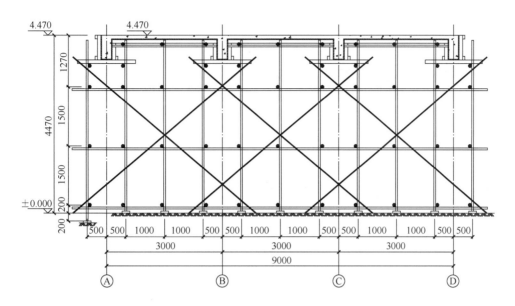

图 2-56　2—2 剖面图

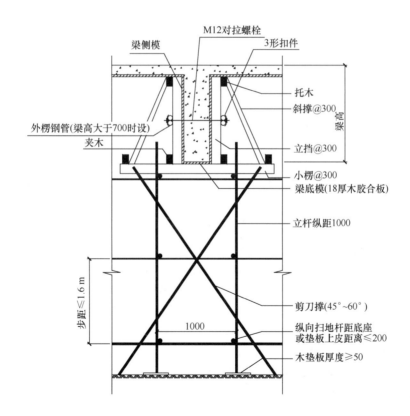

图 2-57　梁配模支模详图

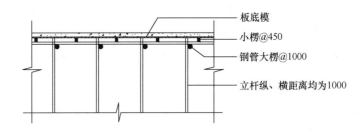

图 2-58　板配模支模详图

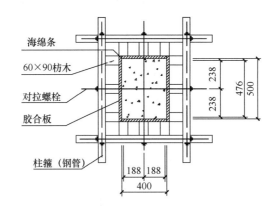

图 2-59　柱配模支模详图

说明：

1. 梁、板、柱模板体系均采用 1830 mm×18 mm 的木胶合板制作而成,除小楞等采用枋木外,其余均采用 ϕ48 mm× 3.5 mm钢管。

2. 模板支架的钢管应采用标准规格 ϕ48 mm×3.5 mm,壁厚不得小于 3 mm。钢管上严禁打孔。

3. 搭设模板支架用的钢管、扣件,使用前必须进行抽样检测,抽检数量按有关规定执行。未经检测或检测不合格的一律不得使用。

4. 模板及其支架安装、拆除的顺序及安全措施应按专项施工方案执行。

5. 支架周边应设置竖直剪刀撑。支架内部应分别设置纵、横两竖直剪刀撑,沿支架纵横向每不大于 4.5 m 设 1 道。每道竖直剪刀撑均为全高全长全立面设置,竖直剪刀撑应尽量与每一根与其相交的立杆扣接。

6. 支架内部应设置水平剪刀撑。封顶杆位置应设置水平剪刀撑;从封顶杆开始并往下每不大于 4.5 m 设 1 道。每道水平剪刀撑均沿水平面紧贴水平杆全平面设置,并与每一根与其相交的立杆扣接,不能与立杆扣接之处应与水平杆扣接。

7. 柱边角处采用木板条找补海绵条款堵,保证楞角方直、美观。柱箍起步为 150 mm。柱模板四周加钢管抛撑,每隔 1500 mm 设 1 道,采用双向钢管对称斜向加固(尽量取 45°)。

8. 跨度不小于 4 m 时,梁底模应起 1‰～3‰的起拱高度。

9. 未详之处详见国家现行规范。

附　　录

附录 A　模板支架常用杆件及扣件截面特性和重量

表 A-1　模板支架常用杆件截面特性

类别	规格 /mm	理论重量 /(N/m)	截面积 A ($\times 10^2 mm^2$)	惯性矩 I ($\times 10^4 mm^4$)	截面模量 W ($\times 10^3 mm^3$)	回转半径 i /mm
冷弯薄壁型 钢钢管	$\phi 48 \times 3.0$	33.3	4.24	10.78	4.493	15.94
	$\phi 48 \times 3.2$	35.5	4.50	11.36	4.732	15.89
	$\phi 48 \times 3.5$	38.4	4.89	12.19	5.077	15.8
枋木	50×50	12.5~16.3	25.0	52.08	20.83	14.45
	90×60	27.0~35.1	54.0	364.50	81.00	17.34
	100×50	25.0~32.5	50.0	416.67	83.33	28.90
	100×100	50.0~65.0	100.0	833.33	166.66	28.90

注:1. 钢管截面特性计算公式:

$$I = \frac{\pi}{64}(D^4 - d^4)$$

$$W = \frac{\pi}{32}(D^3 - \frac{d^4}{D})$$

$$i = \frac{1}{4}\sqrt{D^2 + d^2}$$

式中:D——钢管外直径;

d——钢管内直径。

2. 枋木截面特性计算公式:

$$I = \frac{bh^3}{12}$$

$$W = \frac{bh^2}{6}$$

$$i = 0.289h$$

式中:b——枋木宽度;

h——枋木高度。

表 A-2　可锻铸铁扣件重量　　　　　　　　　　　单位:千克/个

扣件名称	直角扣件	旋转扣件	对接扣件
重量	1.35	1.46	1.85

附录 B　等跨连续梁内力和挠度系数表

表 B-1　简支梁内力和挠度

序次	荷载图	跨内最大弯矩 M_1	剪力 $Q_A = Q_B$	跨度中点挠度 w_1
1		$\dfrac{qbl}{8}\left(2-\dfrac{b}{l}\right)$	$\dfrac{qb}{2}$	$\dfrac{qbl^3}{384EI}\left(8-\dfrac{4b^2}{l^2}+\dfrac{b^3}{l^3}\right)$

表 B-2　二等跨梁内力和挠度系数

序次	荷载图	跨内最大弯矩		支座弯矩	剪力			跨度中点挠度	
		M_1	M_2	M_B	Q_A	$Q_{B左}$ $Q_{B右}$	Q_C	w_1	w_2
1		0.070	0.070	−0.125	0.375	−0.625 0.625	−0.375	0.521	0.521
2		0.156	0.156	−0.188	0.312	−0.688 0.688	−0.312	0.911	0.911
3		0.222	0.222	−0.333	0.667	−1.333 1.333	−0.667	1.466	1.466

注:1. 在均布荷载作用下:$M=$表中系数$\times ql^2$;$Q=$表中系数$\times ql$;$w=$表中系数$\times ql^4/100EI$。

2. 在集中荷载作用下:$M=$表中系数$\times Fl$;$Q=$表中系数$\times F$;$w=$表中系数$\times Fl^3/100EI$。

表 B-3　三等跨梁内力和挠度系数

序次	荷载图	跨内最大弯矩		支座弯矩		剪力				跨度中点挠度		
		M_1	M_2	M_B	M_C	Q_A	$Q_{B左}$ $Q_{B右}$	$Q_{C左}$ $Q_{C右}$	Q_D	w_1	w_2	w_3
1		0.080	0.025	−0.100	−0.100	0.400	−0.600 0.500	−0.500 0.600	−0.400	0.677	0.052	0.677
2		0.175	0.100	−0.150	−0.150	0.350	−0.650 0.506	−0.500 0.650	−0.350	1.146	0.208	1.146

序次	荷载图	跨内最大弯矩		支座弯矩		剪力				跨度中点挠度		
		M_1	M_2	M_B	M_C	Q_A	$Q_{B左}$ $Q_{B右}$	$Q_{C左}$ $Q_{C右}$	Q_D	w_1	w_2	w_3
3		0.244	0.067	−0.267	−0.267	0.733	−1.267 1.000	−1.000 1.267	−0.733	1.883	0.216	1.883

注:1. 在均布荷载作用下:$M=$表中系数$\times ql^2$;$Q=$表中系数$\times ql$;$w=$表中系数$\times ql^4/100EI$。

　　2. 在集中荷载作用下:$M=$表中系数$\times Fl$;$Q=$表中系数$\times F$;$w=$表中系数$\times Fl^3/100EI$。

附录C　Q235－A 钢轴心受压构件稳定系数 φ

表 C-1　Q235－A 钢轴心受压构件的稳定系数 φ

λ	0	1	2	3	4	5	6	7	8	9
0	1.000	0.997	0.995	0.992	0.989	0.987	0.984	0.981	0.979	0.976
10	0.974	0.971	0.968	0.966	0.963	0.960	0.958	0.955	0.952	0.949
20	0.947	0.944	0.941	0.938	0.936	0.933	0.930	0.927	0.924	0.921
30	0.918	0.915	0.912	0.909	0.906	0.903	0.899	0.896	0.893	0.889
40	0.886	0.882	0.879	0.875	0.872	0.868	0.864	0.861	0.858	0.855
50	0.852	0.849	0.846	0.843	0.839	0.836	0.832	0.829	0.825	0.822
60	0.818	0.814	0.810	0.806	0.802	0.797	0.793	0.789	0.784	0.779
70	0.775	0.770	0.765	0.760	0.755	0.750	0.744	0.739	0.733	0.728
80	0.722	0.716	0.710	0.704	0.698	0.692	0.686	0.680	0.673	0.667
90	0.661	0.654	0.648	0.641	0.634	0.626	0.618	0.611	0.603	0.595
100	0.588	0.580	0.573	0.566	0.558	0.551	0.544	0.537	0.530	0.523
110	0.516	0.509	0.502	0.496	0.489	0.483	0.476	0.470	0.464	0.458
120	0.452	0.446	0.440	0.434	0.428	0.423	0.417	0.412	0.406	0.401
130	0.396	0.391	0.386	0.381	0.376	0.371	0.367	0.362	0.357	0.353
140	0.349	0.344	0.340	0.336	0.332	0.328	0.324	0.320	0.316	0.312
150	0.308	0.305	0.301	0.298	0.294	0.291	0.287	0.284	0.281	0.277
160	0.274	0.271	0.268	0.265	0.262	0.259	0.256	0.253	0.251	0.248
170	0.245	0.243	0.240	0.237	0.235	0.232	0.230	0.227	0.225	0.223
180	0.220	0.218	0.216	0.214	0.211	0.209	0.207	0.205	0.203	0.201
190	0.199	0.197	0.195	0.193	0.191	0.189	0.188	0.186	0.184	0.182
200	0.180	0.179	0.177	0.175	0.174	0.172	0.171	0.169	0.167	0.166

λ	0	1	2	3	4	5	6	7	8	9
210	0.164	0.163	0.161	0.160	0.159	0.157	0.156	0.154	0.153	0.152
220	0.150	0.149	0.148	0.146	0.145	0.144	0.143	0.141	0.140	0.139
230	0.138	0.137	0.136	0.135	0.133	0.132	0.131	0.130	0.129	0.128
240	0.127	0.126	0.125	0.124	0.123	0.122	0.121	0.120	0.119	0.118
250	0.117	—	—	—	—	—	—	—	—	—

注：当 $\lambda > 250$ 时，$\varphi = 7320/\lambda^2$。

附录 D　等效计算长度系数 μ 和计算长度附加系数 k

表 D-1　等效计算长度系数 μ

h/l_b \ h/l_a	1	1.2	1.4	1.6	1.8	2
1	1.845	1.804	1.782	1.768	1.757	1.749
1.2	1.804	1.720	1.671	1.649	1.633	1.623
1.4	1.782	1.671	1.590	1.547	1.522	1.507
1.6	1.768	1.649	1.547	1.473	1.432	1.409
1.8	1.757	1.633	1.522	1.432	1.368	1.329
2	1.749	1.623	1.507	1.409	1.329	1.272

注：1. h——立杆步距(m)；l_a——立杆纵距(m)；l_b——立杆横距(m)。

2. 当 h/l_a 或 h/l_b 大于 2 时，应按 2.0 取值。

表 D-2　计算长度附加系数 k

步距 h/m	$h \leqslant 0.9$	$0.9 < h \leqslant 1.2$	$1.2 < h \leqslant 1.5$	$1.5 < h \leqslant 2.0$
k	1.243	1.185	1.167	1.163

附录 E　对拉螺栓的规格和性能

表 E-1　对拉螺栓的规格和性能

螺栓直径/mm	螺栓内径/mm	净面积/mm²	容许拉力/kN
M12	9.85	76	12.90
M14	11.55	105	17.80
M16	13.55	144	24.50

附录 F 扣件容许荷载

表 F-1 扣件容许荷载

项　目	型　号	容许荷载/kN
蝶形扣件	26 型	26
	18 型	18
3 形扣件	26 型	26
	12 型	12

附录 G 常用柱箍的规格和力学性能

表 G-1 常用柱箍的规格和力学性能

材料	规格 /mm	夹板长度 /mm	截面积 A /mm	截面惯性矩 I /mm⁴	截面最小抵抗矩 W /mm³	适用柱宽范围 /mm
钢管	$\phi48\times3.5$	1200	489	12.19×10^4	5.077×10^3	300～700

第三部分　模板工程模拟施工实训

一、实训概述

模板工程安装是建筑工程技术专业、工程监理专业学生应该掌握的一项重要专业技能，但是长期以来，由于模板工程的复杂性和庞体性，使得模板工程安装技能实训难以在校内开展，而建筑工程技术专业主要培养适应建筑生产一线的技术、管理等职业岗位要求的高技能人才，其主要就业岗位是施工员、安全员等。目前，我国的建筑业现状是施工员无需直接进行模板工程的施工安装，但必须掌握模板工程的模板体系构造做法和支架体系构造要求，能根据模板施工方案进行施工技术交底和现场模板工程安装质量控制、安全控制。本项的模板工程模拟施工实训，就是通过模拟制作的方式来培养学生对模板工程施工安装质量和安全的控制能力。

1. 实训目标

通过本项实训，使学生掌握一般模板工程柱、墙、梁、板等结构构件的模板体系构造组成和安装工艺流程，掌握一般模板工程支架体系构造组成和基本要求。

2. 实训重点

(1)单层框架(或框剪)钢筋混凝土结构(要求含柱或墙、梁、板等结构构件)的模板体系构成模拟制作、安装工艺流程模拟实训。

(2)单层框架(或框剪)钢筋混凝土结构模板支架体系的构成模拟制作、安装工艺流程模拟实训。

3. 实训场景

1)校内"建筑工程框架、剪力墙结构'真题实做'实训基地"建设

校内应建设有"建筑工程框架、剪力墙结构'真题实做'实训基地"，以便于学生就近实地观摩、学习。如图 3-1～图 3-5 所示。

图 3-1　"建筑工程框架、剪力墙结构'真题实做'实训基地"

图 3-2 "框架、剪力墙结构实训基地"二层施工作业面

图 3-3 "框架、剪力墙结构实训基地"支架体系

图 3-4　"框架、剪力墙结构实训基地"安全通道口

图 3-5　"框架、剪力墙结构实训基地"安全通道

2)模板工程模拟施工实训室实训氛围建设

(1)实训指导书上墙。

上墙的实训指导书要翔实,要能够达到即使指导教师不在场,学生也能按图索骥、按部

就班地完成实训。如图 3-6 所示。

图 3-6　实训指导书上墙

（2）实训成果陈列。

将历届学生中优秀的实训成果（模型）陈列在实训室四周，使学生能随时观摩，少走弯路，同时激励学生精益求精、不断超越，提高学生的实训兴趣。如图 3-7～图 3-12 所示。

图 3-7　实训成果陈列（一）

图 3-8　实训成果陈列(二)

图 3-9　实训成果陈列(三)

图 3-10　实训成果陈列(四)

图 3-11　实训成果构造细部(一)

图 3-12 实训成果构造细部(二)

(3)学生实训。如图 3-13 所示。

图 3-13 学生实训

二、模板工程模拟施工实训任务书

1. 实训内容:单层框架(或框剪)结构模板工程模拟施工实训

(1)单层框架(或框剪)钢筋混凝土结构(要求含柱或墙、梁、板等结构构件)的模板体系构成模拟制作、安装工艺流程模拟实训,要求仿照采用木模板或胶合板为面板的模板体系构成进行模拟制作、安装。

(2)单层框架(或框剪)钢筋混凝土结构模板支架体系的构成模拟制作、安装工艺流程模拟实训,要求仿照采用扣件式钢管为模板支架的体系构成进行模拟制作、安装。

(3)相应的钢筋加工及绑扎安装。

2. 实训方式

以小组为单位(以 5～7 人为一组),在教师的指导下、在规定时间内(一般为 2 周)完成以上内容。

3. 实训准备

1)材料和工具准备

(1)购买以下实训材料(材料用量以 5～7 人一组计量,具体可根据小组人数及工程量大小适当增减)。

①2～3 mm 厚的三合板(1 张):用于模拟制作模板工程的胶合板面板。

②一次性方木筷(6 包):用于模拟制作模板工程的枋木。

③一次性圆木筷(10 包):用于模拟制作模板工程的钢管支架。

④万能胶(1 瓶):模拟铁钉或扣件,用于"面板"、"枋木"、"钢管支架"等组合后的黏合。

⑤塑料吸管(0.5 包):用于模拟钢管支架的对接扣件。

⑥14 号铁丝(1 kg)、18 号铁丝(1 kg):用于模拟制作墙、柱、梁、板等混凝土构件的主筋和箍筋。

⑦玻璃胶(4 管):模拟扎丝,用于钢筋间的"绑扎"(黏结),如梁、柱主筋和箍筋之间的"绑扎",剪力墙竖向筋与水平筋"绑扎",板筋的"绑扎"。

⑧砂纸(粗砂纸、中砂纸每种各 3 张,共计 6 张):用于模拟制作模板工程的"面板"、"枋木"、"钢管支架"的打磨和精加工。

⑨模型底板(1 张):根据所要制作的模板工程的模型大小购买,常用的模型底板规格有:1 号图板(594 mm×841 mm)、0 号图板(841 mm×1189 mm)、建筑胶合板(915 mm×1830 mm)、木工板(1200 mm×2400 mm)。具体选用哪一种规格的模型底板,视小组的人数而定,一般是少于 5 人可选用 1 号图板,5～7 人可选用 0 号图板,8～10 人可选用建筑胶合板,10～12 人可选用木工板。

2)领取实训工具

组织学生(以组为单位)领取实训工具:尖嘴钳(4～8 把)、老虎钳(1～3 把)、锯子(1～3 把)、裁刀(3～9 把)、钢锯片(3～6 条)。

3)设计准备

(1)建筑设计:设计方案可选择办公楼(整体或局部)、住宅楼(整体或局部)、商场(整体或局部)等其中一项。要求布局合理、尺寸合理并绘制 A3 图幅的建筑平面布置图 1 张(要求CAD 绘制)。

(2)结构设计:所确定的结构设计必须是柱(或剪力墙)、梁、板、楼梯完整的结构体系。在指导教师的指导下确定结构布置、结构构件尺寸及结构配筋,并绘制 A3 图幅的结构布置图和主要结构构件配筋图各 1 张(要求 CAD 绘制)。

(3)模板设计:根据本书相关章节的知识与要求,正确布置模板及支架体系[包括:立杆、水平杆(含扫地杆、封顶杆)、水平剪刀撑、横向竖直剪刀撑、纵向竖直剪刀撑等],要求构造完整,并绘制 A3 图幅的支架体系布置图 1 张(要求 CAD 绘制)。

4. 实训条件

(1)模型底板采用 1 号图板、0 号图板、建筑胶合板、木工板等。

(2)模型的模板、支架体系采用三合板、木、竹卫生筷条,固定黏结材料采用万能胶等黏结材料。三合板必须先仿胶合板规格按比例裁好备用,严禁整张直接使用。

(3)模型的钢筋采用铁丝制作,钢筋绑扎采用玻璃胶等黏结材料。

5. 制作要求

1)确定制作比例

要求模型的制作比例为 1∶10(模型∶实际工程);特殊情况需采用其他比例的,须由组长报指导教师审核,获批后方能实施。

2)弹线

按设计及相应比例将轴线、构件外轮廓线弹(绘)在模型底板上。

3)模板制作

(1)柱:底木框、侧拼板、柱箍、梁柱交接处衬口挡、柱斜撑、柱侧拼板应设清扫口、梁柱交接口等。

(2)剪力墙:侧模、立挡、横向水平拉杆、对拉螺杆、斜撑等。

(3)梁、板:支架垫块、底座、钢管立杆、扫地杆、纵横水平拉杆、封顶杆、三向剪刀撑、楞木(小楞)、杠管(大楞)、梁底模板、梁侧模板、夹木、托木、侧模斜撑、对拉螺杆、楼板模板等。

(4)楼梯:支架垫块、斜向撑杆、扫地杆、纵横水平拉杆、楼梯底模板、外帮板、反三角板、踢面模板等。

(5)相应结构的钢筋制作。

(6)双排钢管外脚手架:垫板、底座、扣件、钢管、脚手板、安全网等。

4)模板及支架安装顺序

(1)柱:弹线→找平、定位→底框→组装柱模→安装柱箍→安装拉杆或斜撑→校正垂直度→模板预检。

(2)剪力墙:弹线→找平、定位→侧模→立挡(内楞)→横向水平杠管(外楞)→对拉螺栓、斜撑等→模板预检。

（3）梁、板：弹线→钢管支架体系→调整标高→梁底模→梁侧模→夹木→安装拉杆或斜撑→板下大小楞→安装板底模→模板预检。

（4）楼梯：放样→安装休息平台梁模板→斜撑体系→楼梯模板斜楞→铺设楼梯底模→外帮侧模→踢面模板→模板预检。安装模板时要特别注意斜向撑杆（斜撑）的固定。

5）模板安装与相应结构钢筋绑扎配合

柱、剪力墙钢筋应先绑扎后立模，高大模板及节点处应适当地处理钢筋绑扎与侧模支设的先后顺序。

6）钢管双排外脚手架

垫板、底座→杆件（扫地杆、立杆、水平杆）→连墙件→剪刀撑→脚手板、安全网。

7）制作图签

模型制作完成后，应在底板的右下角贴上图签，注明：模型名称；学校、班级及组别名称；指导教师、组长及小组成员姓名；制作日期；比例。

6. 实训时间地点、安排

本模板工程模拟施工实训时间、地点安排见表3-1。

表 3-1 实训时间地点、安排

项目	实习内容		时间		实习地点
			天	周	
模型制作	1	材料等的准备工作	1	2	实训教室
	2	设计准备	1		
	3	模型制作	7.5		
	4	作品检评	0.5		

7. 成绩评定

评定标准采用过程评价与结果评价相结合。过程评价包括出勤率、工作态度、工作进度三项指标，每项指标所占权重由指导教师根据学校规定在实训开始前发布。结果评价见表3-2。建议：组长对同组组员的评定占该同学最终成绩评定的一定权数（具体权数由指导教师定）。实训成绩按优、良、中、及格、不及格五级评定。

表 3-2 模板工程模型制作考核项目及评分标准

班别			组别		模型名称		
组长			组员				
序号	考核项目			评分标准		分值	实得分
1	设计方面		1.1 建筑设计	功能齐全、尺寸合理		5	
			1.2 结构设计	梁、柱、板、楼梯等构件的结构布局合理、尺寸合理		10	
			1.3 模板设计	支撑体系及模板布置正确、完整		15	

班别			组别		模型名称			
组长			组员					
序号	考核项目			评分标准			分值	实得分
2	模板制作、安装	2.1模板构件齐全		1. 柱:底木框、柱模板、梁柱交接处衬口档、柱箍、柱斜撑、柱侧拼板均应设置浇筑口、清扫口等。 2. 剪力墙:侧模、立挡、横向水平拉杆、对拉螺栓、斜撑等。 3. 梁:梁底模板、梁侧模板、梁侧夹木、托木、短撑木或斜撑或对拉螺栓、梁底楞木(小楞)、杠管(大楞)、立杆(支撑)、封顶杆、纵向水平杆、横向水平杆、扫地杆、垫板(块)等。 4. 板:楼板模板、楞木(小楞)、杠管(大楞)、立杆(支撑)、封顶杆、纵横向水平杆、扫地杆、剪刀撑、垫板(块)等。 5. 楼梯:垫板(块),斜立杆,扫地杆,纵、横向水平杆,斜楞杆,楼梯底模板,外帮板,反三角板,踢面模板等			20	
		2.2模板安装程序正确		柱:底框→柱模→柱箍→柱斜撑。 剪力墙:定位夹条→侧模→立挡(内楞)→横向水平杠管(外楞)→对拉螺栓、斜撑。 梁、板:支撑体系(垫板、立杆、扫地杆、水平杆、封顶杆、杠管、楞木、剪刀撑)→底模→侧模→立挡→夹木→托木→短撑木或斜撑或对拉螺杆。 楼梯:斜撑体系→斜楞木→底模→外帮板→反三角板→踢脚侧板			20	
3	钢筋加工安装			钢筋加工安装正确			10	
4	精致程度			制作美观、精致			10	
5	复杂程度			复杂程度适中			5	
6	牢固程度			制作牢固			5	
考评老师							合计得分	

考评时间　　年　　月　　日

第四部分 楼盖模型制作实训

第一节 楼盖模型制作实训任务书

楼盖模型制作是建筑工程技术专业的重要实训课程,是学生从图纸到实体之间的桥梁,是建筑结构、混凝土结构平法施工图识读、建筑施工技术相结合的一门实训课程。它具有综合性强、涉及面广和实践性强等显著特点。通过这一环节的实训,能培养学生综合运用已学的建筑结构、平法结构施工图、施工技术知识,查阅相关规范,读懂图纸,熟悉构件关系,了解节点钢筋构造,进行模板制作、钢筋翻样模型训练,综合运用所学理论知识分析、解决实际问题。

一、实训题目

某楼盖结构设计平法施工图如图 4-1 和图 4-2 所示,请根据施工图相关构件关系、构件尺寸和参数,运用杉木、铁丝和铁线等材料制作整体比例为 1∶10 左右(各构件具体比例可根据制作要求自行调整)的楼盖模型。

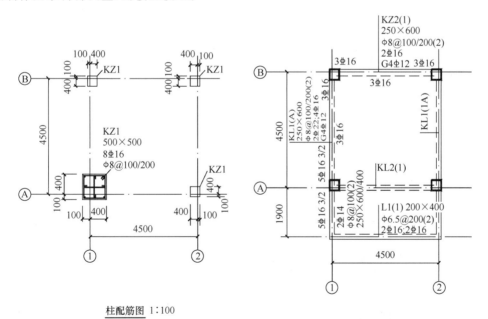

柱配筋图 1:100

屋面梁配筋图 1:100

图 4-1 框架柱、屋面梁平法施工图

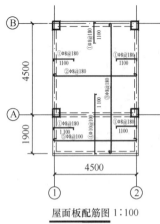

屋面板配筋图 1:100

说明：1.框架结构，三级抗震。
2.梁、板、柱的混凝土强度等级均为C30。
3.环境类别为：一类环境。
4.板面负筋分布筋均为Φ6@250，温度筋为Φ8@200，温度筋和负筋搭接200 mm。

图 4-2 屋面板平法施工图

二、模型制作实训要求

1. 制作要求

（1）根据所学混凝土结构平法施工图制图规则、节点钢筋构造及所选缩放比例，进行钢筋分离配筋计算并进行钢筋翻样，画出楼板和梁的钢筋翻样图，用工具把钢筋加工成所需形状，并保证钢筋入模安装不出现长度不够、胀模等问题。

（2）模型制作要正确地表现梁、板、柱的支座关系，梁板钢筋正确锚固和安装。此外，模型制作尽可能做到准确细致、简洁美观，不同种类的钢筋选择适当涂不同颜色效果更佳。

2. 报告总结

撰写实训报告，总结这次实训的心得体会，其中包括做得好与需要日后改进的方面，通过这种方式，有助于更好地提升自我。

3. 划分小组

根据班级人数平均划分小组，一般 6～8 人一组，男女搭配，由于锯木头和钉钉子的工作量较大，不允许小组全部为女生。

三、提交的成果

（1）模型实际尺寸图和钢筋翻样图（各小组提交 1 份）。

（2）完成的楼盖模型（各小组提交 1 份），如图 4-3 所示。

图 4-3 学生完成的屋面楼盖模型

(3)实训总结(每人提交 1 份)。

四、时间安排(2 周)

钢筋混凝土楼盖模型制作时间安排见表 4-1。

表 4-1 钢筋混凝土楼盖模型制作时间安排

序号	实习内容	时间/天	备注
1	模型制作工作的介绍和要求	0.5	
2	模型材料的认识和选取	0.5	
3	绘制模型实际尺寸图和钢筋翻样图	1	
4	切割三合板和杉木,并完成模板安装	3	
5	钢筋加工、安装	4	
6	实训报告	1	
	合计	10	扣除两个双休日

五、成绩评定

本次实训的成果包含 1 个建筑模型的制作及 1 份实训总结报告,指导教师根据平时表现及提交的实训成果给出相应的成绩。

1. 学生实训成绩

学生实训成绩由四个部分组成:

(1)楼盖设计成果占 30%(这项成果在前一周的楼盖设计中已完成)。

(2)模型制作占 50%。

(3)实训报告占 10%。

(4)实训完成态度、纪律、出勤情况占 10%。

2. 不及格处理情况

有以下情况者,按不及格处理:

(1)提交的成果不全者;

(2)考勤有两次不到者;

(3)模型制作不动手参与的旁观者。

第二节 楼盖模型制作实例

一、实训题目

某楼盖结构设计平法施工图如图 4-4 所示,请根据施工图相关构件关系、构件尺寸和参数,运用杉木、铁丝和铁线等材料制作整体比例为 1:10 左右(各构件具体比例可根据制作要求自行调整)的楼盖模型。

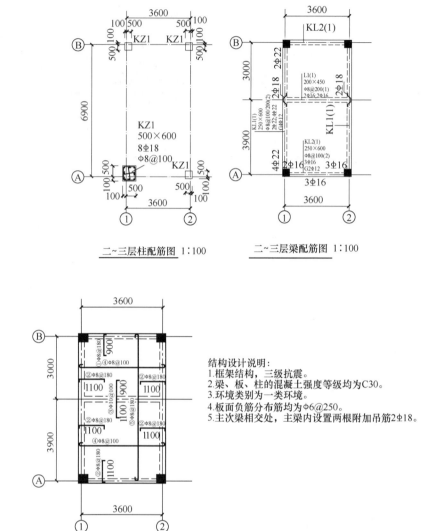

二~三层柱配筋图 1:100

二~三层梁配筋图 1:100

结构设计说明:
1.框架结构,三级抗震。
2.梁、板、柱的混凝土强度等级均为C30。
3.环境类别为一类环境。
4.板面负筋分布筋均为φ6@250。
5.主次梁相交处,主梁内设置两根附加吊筋2Φ18。

二~三层板配筋图 1:100

图 4-4 框架柱、框架梁平法施工图

二、实训准备

了解楼盖模型制作所用的材料和工具,并准备楼盖模型制作所需材料,备选材料如图 4-5所示。

主材料:制作楼盖模型主体部分的材料,包括三合板、杉木、铁丝、铁线、钉子。

辅料类:楼盖模型加工制作过程中使用的黏结剂、油漆等。

制作工具:制作楼盖模型使用的工具,包括直尺、丁字尺、木工锯、钳子等工具。

直尺

木工尺

60 cm、100 cm、120 cm

丁字尺

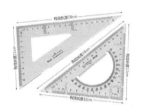

三角板

美工刀

小锯

钢锯

砂纸

钢丝钳、尖嘴钳

划线笔

图 4-5　备选材料

三合板

杉木

铁丝和铁线

铁钉

胶水

彩色油漆

续图 4-5

三、绘制楼盖模型模板尺寸图

根据图纸提供的各构件尺寸、构件关系及所做模型的大小绘制模型实际尺寸图,具体可根据各构件选择缩放比例,尽可能使模型看起来比例搭配合理,建议长度比例 1∶20∼1∶30、截面尺寸比例 1∶5∼1∶10。

1. 楼盖模板平面布置图

绘制楼盖模板平面布置图如图 4-6 所示,柱截面尺寸比例为 1∶5,梁长度尺寸比例为1∶30。

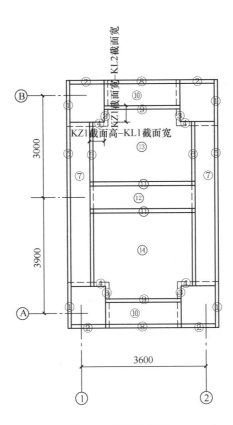

图 4-6　模板平面图

2. KZ1(1 号框架柱)模板尺寸图

(1)材料:杉木(厚度 18 mm)。

(2)比例:1∶5。

(3)柱模板尺寸计算如图 4-7、图 4-8 所示。

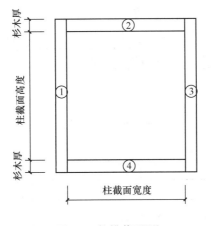

图 4-7　柱模截面图

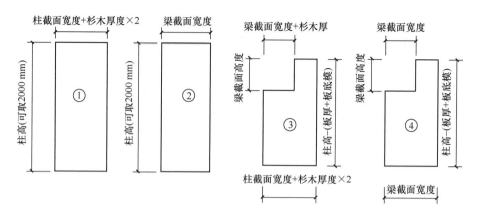

图 4-8　柱模板立面图

3. KL1(框架梁 1 号)模板尺寸图

(1)材料：杉木(厚度 18 mm)。

(2)梁截面比例为 1：5，沿长度方向跨度比例为 1：30。

(3)梁模板尺寸计算如图 4-9～图 4-11 所示。

图 4-9　KL1 外侧模

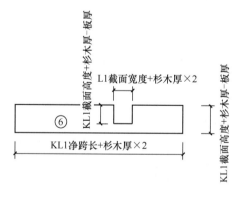

图 4-10　KL1 内侧模

图 4-11　KL1 底模

4. KL2(框架梁 2 号)模板尺寸图

(1)材料:杉木(厚度 18 mm)。

(2)梁截面比例为 1∶5,沿长度方向跨度比例为 1∶30。

(3)梁模板尺寸计算如图 4-12~图 4-14 所示。

图 4-12 KL2 外侧模

图 4-13 KL2 内侧模

图 4-14 KL2 底模

5. L1(非框梁 1 号)模板尺寸图

(1)材料:杉木(厚度 18 mm)。

(2)梁截面比例为 1∶5,沿长度方向跨度比例为 1∶30。

(3)梁模板尺寸计算如图 4-15、图 4-16 所示。

图 4-15 L1 外侧模

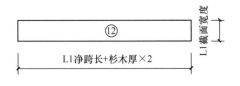

图 4-16　L1 内侧模

6. 楼板尺寸图

(1)材料:杉木(厚度 18 mm)。

(2)楼板截面比例为 1∶30。

(3)楼板底模板尺寸计算如图 4-17 所示。

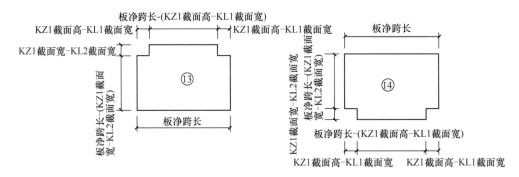

图 4-17　板底模

四、绘制钢筋分离尺寸图

钢筋构造依据国家建筑标准设计图集 11G101-1 进行分离钢筋尺寸计算。根据所学混凝土结构平法施工图制图规则、节点钢筋构造,进行钢筋分离配筋计算并进行钢筋翻样,画出楼板、梁和柱的钢筋翻样图。

1. KZ1(框架柱 1 号)钢筋分离计算

(1)材料:纵向钢筋用粗铁丝,箍筋用中细铁丝,细铁丝用来绑扎钢筋。

(2)钢筋长度比例:1∶30。

(3)钢筋分离计算,KZ1 钢筋分离配筋图如图 4-18 所示。

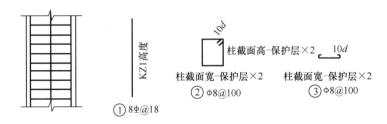

图 4-18　KZ1 钢筋分离配筋图

2. KL1(框架梁1号)钢筋分离计算

(1)材料:纵向钢筋用粗铁丝,箍筋用中细铁丝,细铁丝用来绑扎钢筋。

(2)钢筋长度比例:1:30。

(3)框架梁钢筋构造。

①抗震框架梁纵向钢筋构造如图4-19所示。

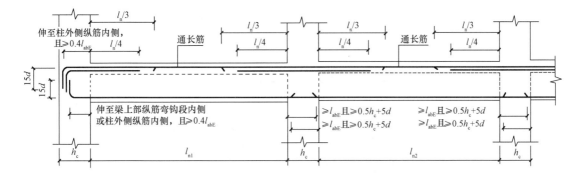

图4-19　抗震框架梁纵向钢筋构造

②抗震框架梁箍筋钢筋构造如图4-20所示。

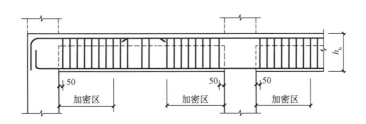

图4-20　抗震框架梁箍筋钢筋构造

③吊筋钢筋构造如图4-21所示。

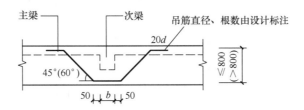

图4-21　吊筋钢筋构造

(4)KL1钢筋长度计算,分离配筋图如图4-22所示。

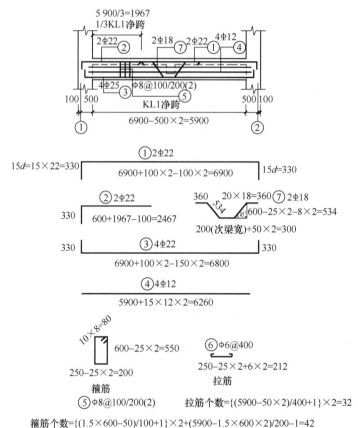

图 4-22 KL1 分离配筋图

3. KL2(框架梁 2 号)钢筋分离计算

(1)材料:纵向钢筋用粗铁丝,箍筋用中细铁丝,细铁丝用来绑扎钢筋。

(2)钢筋长度比例:1∶30。

(3)KL1 钢筋长度计算,分离配筋图如图 4-23 所示。

4. L1(非框梁 1 号)钢筋分离计算

(1)材料:纵向钢筋用粗铁丝,箍筋用中细铁丝,细铁丝用来绑扎钢筋。

(2)钢筋长度比例:1∶30。

(3)非框架梁纵向钢筋构造如图 4-24 所示。

(4)L1 钢筋长度计算,分离配筋图如图 4-25 所示。

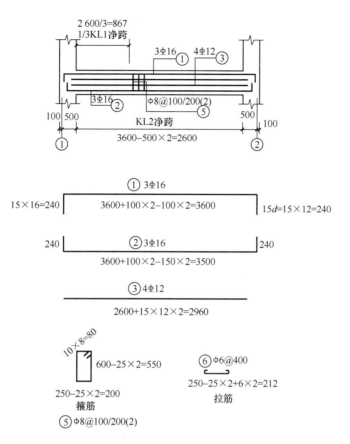

图 4-23 KL2 分离配筋图

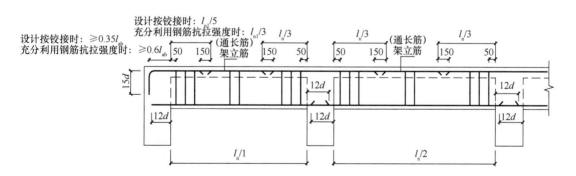

图 4-24 非框架梁纵向钢筋构造

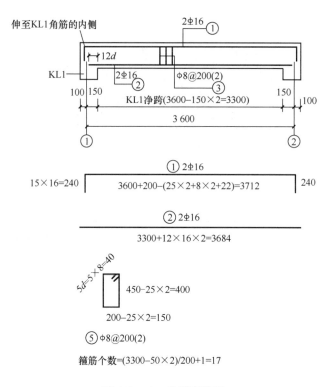

图 4-25　L1 分离配筋图

5. 楼板钢筋

（1）材料：板筋用中细铁丝，细铁丝用来绑扎钢筋。

（2）钢筋长度比例：1：30。

（3）有梁楼盖楼面板 LB 和屋面板 WB 钢筋构造如图 4-26 所示，端部为梁的板在端部支座锚固构造如图 4-27 所示。

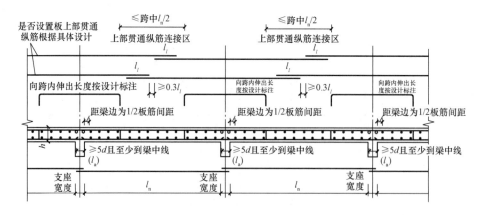

图 4-26　有梁楼盖楼面板 LB 和屋面板 WB 钢筋构造

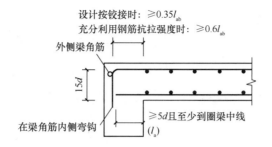

图 4-27 端部为梁的板在端部支座锚固构造

(4)楼板钢筋长度计算,分离配筋图如图 4-28 所示。

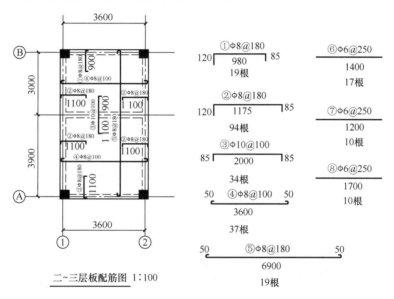

图 4-28 楼板分离配筋图

五、模型制作

(1)根据已绘制的模型实际尺寸图(建议楼板做厚些,以免板筋放置太拥挤,难于绑扎),并依据各构件模板间的相互关系,利用工具把板材裁剪成各构件模板(包括柱侧模、梁底模、梁侧模和板底模等),裁剪时要注意模板切割尺寸(例如:为防止梁混凝土浇捣时发生漏浆现象,要求梁侧模包底模,则边梁外侧模板裁剪高度＝梁高＋梁底模厚,内侧模板裁剪高度＝梁高－楼板厚－楼板底模厚＋梁底模厚)。

(2)依据各构件模板间的相互关系,将裁剪好的模板用钉子或胶水进行拼装,建议以柱长边模板包短边模板、梁侧模包底模的方式进行安装。如图 4-29 所示为教师正在指导学生进行模板模型制作。

图 4-29　教师正在指导学生进行模板模型制作

　　(3)根据已画出的楼板和梁的钢筋翻样图,用工具把钢筋加工成所需形状,并保证钢筋入模安装不出现长度不够、胀模等问题。

　　(4)用粗铁丝制作柱、梁的纵向钢筋,中细铁丝制作柱、梁箍筋和板钢筋,细铁丝做绑扎钢筋用,并辅助钳子(钢丝钳、尖嘴钳)、锯子(钢锯、小锯)等工具完成钢筋模型制作。如图 4-30 所示为学生正在进行钢筋模型制作。

图 4-30　学生正在进行钢筋模型制作